常用绿色杀虫剂科学使用手册

◎陈　青　梁　晓　伍春玲　主编

中国农业科学技术出版社

图书在版编目（CIP）数据

常用绿色杀虫剂科学使用手册 / 陈青，梁晓，伍春玲主编 . —北京：中国农业科学技术出版社，2019. 4

ISBN 978-7-5116-4099-4

Ⅰ. ①常… Ⅱ. ①陈… ②梁… ③伍… Ⅲ. ①杀虫剂—使用方法—手册 Ⅳ. ①TQ453-62

中国版本图书馆 CIP 数据核字（2019）第 058599 号

责任编辑 崔改泵 李 华
责任校对 马广洋
出 版 者 中国农业科学技术出版社
北京市中关村南大街12号 邮编：100081
电 话 （010）82109708（编辑室）（010）82109702（发行部）
（010）82109709（读者服务部）
传 真 （010）82106650
网 址 http: // www.castp.cn
经 销 者 各地新华书店
印 刷 者 北京富泰印刷有限责任公司
开 本 880mm × 1 230mm 1/32
印 张 7.125 彩插12面
字 数 209千字
版 次 2019年4月第1版 2019年4月第1次印刷
定 价 58.00元

《常用绿色杀虫剂科学使用手册》

编委会

主　　编：陈　青（中国热带农业科学院环境与植物保护研究所）
梁　晓（中国热带农业科学院环境与植物保护研究所）
伍春玲（中国热带农业科学院环境与植物保护研究所）

副 主 编：刘　迎（中国热带农业科学院环境与植物保护研究所）
陈　谦（中国热带农业科学院环境与植物保护研究所）
刘光华（云南省农业科学院热带亚热带经济作物研究所）
宋记明（云南省农业科学院热带亚热带经济作物研究所）
段春芳（云南省农业科学院热带亚热带经济作物研究所）

参编人员：李开绵（中国热带农业科学院热带作物品种资源研究所）
田益农（广西壮族自治区亚热带作物研究所）
李兆贵（南宁市武鸣区农业技术推广中心）
宋　勇（湖南农业大学园艺园林学院）
袁展汽（江西省农业科学院土壤肥料与资源环境研究所）
周高山（福建省大田县农业科学研究所）

前　言

农药是农业生产的必要生产资料，是防治作物病虫草害的有效武器，对促进粮食和农业稳产高产至关重要。多年来，由于气候的变化和栽培方式的改变，农作物虫害呈多发、频发、重发的态势。目前，作物生产中对于虫害的防治仍然依赖农药，容易造成害虫抗药性增强、防治效果下降，出现农药越打越多、虫害越防越难的问题。此外，由于农药使用量较大，施药方法不科学，带来生产成本增加、农产品残留超标、作物药害、环境污染等突出问题。为推进农业发展方式转变，有效控制农药使用量，保障农业生产安全、农产品质量安全和生态环境安全，促进农业可持续发展，农业农村部制定和启动了《到2020年农药使用量零增长行动方案》，到2020年，初步建立资源节约型、环境友好型病虫害可持续治理技术体系，科学用药水平明显提升，单位防治面积农药使用量控制在近3年平均水平以下，力争实现农药使用总量零增长。2015—2019年连续5个中央一号文件明确指出，实施优势特色农业提质增效行动计划，加强农业可持续发展的科技工作，促进蔬菜、瓜果等作物产业提档升级，突出优质、安全、绿色导向，深入推进化肥农药零增长行动，促进农业节本增效，走产出高效、产品安全、资源节约、环境友好的农业现代化道路，保持农业稳定发展和农民持续增收。

为贯彻落实2015—2019年中央农村工作会议、中央一号文件和全国农业工作会议精神，大力推进农药减量控害，本书坚持树立“科学植保、公共植保、绿色植保”的理念，系统介绍了杀虫剂的来源、作用方式、毒理作用、毒性、储存方法、真伪鉴别、使用方法、农药产品名标识中“TM”和“R”区别、农药产品标签上色带标识和象形图、绿色食品生产允许使用的农药和其他植保产品清单、国家禁用和限用农药名录、种植业生产使用低毒低残留农药主要品种名录、常用绿色杀虫剂简介、55种常用杀虫剂毒性等级与防治对象及木薯、瓜菜主要害虫为害症状与高效绿色药剂防治等，引导公众充分理解和认识农药在农业生产中的积极作用，大力推广新型绿色农药，实现农药减量控害、农业生产安全、农产品质量安全和生态环境安全。

本书能够顺利完成，得到了国家木薯产业技术体系虫害防控岗位科学家专项（CARS-11-HNCQ）、国家重点研发计划专项（2018 YFD 0201100）、海南省重点研发计划（ZDYF 2018037、ZDYF 2018238）、农业农村部财政专项“南峰专项二期”（NFZX 2018）、中央级公益性科研院所基本科研业务费专项（1630042018025）等专项支持，谨此致谢。

本书具有良好的针对性和实用性，可为相关科研与教学单位、企业与农技推广部门、广大种植者与当地政府产业发展决策提供重要参考，十分有利于作物产业持续健康发展中虫害绿色药剂防控技术水平的整体提升和产业升级，具有广泛的行业影响力和良好的应用推广前景。

限于编者的知识与专业水平，如有不足之处，敬请广大读者予以指正。

编　者

2019年2月

目　　录

第一章　杀虫剂的来源

按原料来源，杀虫剂可分为化学合成杀虫剂、生物源杀虫剂和矿物源杀虫剂三大类。

一、化学合成杀虫剂

化学合成杀虫剂是指通过人工合成的方法制成的有机化合物杀虫剂，是农药使用最主要的一类杀虫剂，其化学结构非常复杂，品种多，生产量大，应用范围广，用途广，效果好，发展快，如敌敌畏、溴氰菊酯等。这一类杀虫剂按照化学组成的不同又可分为下列几种。

（一）有机磷杀虫剂

有机磷杀虫剂的分子中都含有磷元素，如丙溴磷、辛硫磷等。

（二）有机氯杀虫剂

有机氯杀虫剂的分子中都含有氯元素，如灭蚁乐、毒杀芬等（国内已停止生产）。

（三）有机氮杀虫剂

有机氮杀虫剂的分子中都含有氮元素，如西维因、叶蝉散、螟蛉畏等。

（四）拟除虫菊酯类杀虫剂

拟除虫菊酯类杀虫剂是人工合成类似天然除虫菊酯的化合物，是一类当前发展最快的杀虫剂，如杀灭菊酯、溴氰菊酯等。

二、生物源杀虫剂

生物源杀虫剂是指利用天然生物资源（如植物、动物、微生物）开发的一类杀虫剂。由于来源不同，可分为微生物杀虫剂、动物源杀虫剂和植物源杀虫剂，具有取材方便，成本低廉、控制期长，高效、经济、安全、无污染、与环境高度相容等特点，是当前无公害和绿色蔬菜生产的最佳农药选择。

（一）微生物杀虫剂

微生物杀虫剂种类很多，已发现的有2 000多种，按照微生物的分类可分为细菌、真菌、病毒、原生动物和线虫等杀虫剂。国内研究开发应用并形成商品化产品的主要有细菌类杀虫剂、真菌类杀虫剂、病毒类杀虫剂和抗生素类杀虫剂，包括农用抗生素和活体微生物。农用抗生素类杀虫剂是由抗生菌发酵产生的，具有农药功能的代谢产物，如多抗霉素、浏阳霉素、阿维菌素等。活体微生物类杀虫剂是指有害生物的病原微生物活体，如白僵菌、苏云金杆菌、核型多角体病毒、鲁保1号等。微生物杀虫剂一般对植物无药害，对环境影响小，有害生物不易产生抗药性。

（二）植物源杀虫剂

植物源杀虫剂是由天然植物加工制成，如除虫菊素、烟碱、鱼藤酮、川楝素、油菜素内酯等。此类农药一般毒性较低，对人、畜安全，对植物无药害，有害生物不易产生抗药性。

植物源杀虫剂还包括转基因植物体，主要指转基因抗有害生物或抗除草剂的作物，如我国已经大面积推广应用的抗虫棉等。随着生物技术的不断发展，转基因抗虫园林植物将会被广泛应用。

（三）动物源杀虫剂

动物源杀虫剂主要分四大类：一是动物产生的毒素，它们对害虫有毒杀作用，如海洋动物沙蚕产生的沙蚕毒素是最典型的动物毒素，已成为杀虫剂的一大类型。二是由昆虫产生的激素，包括脑激素、保幼激素、蜕皮激素等，具有调节昆虫生长发育的功能。三是昆虫信息素又称昆虫外激素，包括性信息素、产卵忌避素、报警激素等，具有引诱、刺激、抑制、控制昆虫摄食或交配产卵等功能。四是动物体杀虫剂，包括各种商品化的天敌昆虫、捕食螨及采用物理或生物技术改造的昆虫等，如赤眼蜂、蚜茧蜂、丽蚜小蜂等多种天敌昆虫，目前天敌昆虫研究及应用已取得很大进展。

三、矿物源杀虫剂

矿物源杀虫剂是以天然矿物原料为主要成分的无机化合物加工制成，包括砷化物、硫化物、铜化物、磷化物以及石油乳剂等，为杀虫剂发展初期的主要品种。随着化学合成农药的发展，矿物源杀虫剂的用量逐渐下降，其中有些品种如砷酸铅、砷酸钙等已停止使用。

矿物源杀虫剂均起源于自然界，一般毒性很低或无毒，大多数产品在绿色食品生产中使用不受次数、剂量的限制，其选用的原则也是根据虫害的种类、发生时期和结合每种药剂防治对象合理使用。矿物源杀虫剂防治有害生物的浓度与对作物可能产生药害的浓度较接近，使用不慎就会引起药害。喷药质量和气候条件对药效和药害的影响较大。

第二章　杀虫剂的作用方式

杀虫剂的作用方式多种多样，有胃毒剂、触杀剂、熏蒸剂、内吸杀虫剂、驱避剂、引诱剂、拒食剂、不育剂、激素干扰剂和粘捕剂。

一、胃毒剂

药剂通过害虫的口器及消化系统进入体内，引起害虫中毒或死亡，具有这种胃毒作用的杀虫剂称为胃毒剂，如敌百虫等。此类杀虫剂适用于防治咀嚼式口器害虫，如黏虫、蝼蛄、蝗虫等。另外，胃毒剂对防治舐吸式口器的害虫（蝇类）也有效。

二、触杀剂

药剂接触害虫的表皮或气孔渗入体内，使害虫中毒或死亡，具有这种触杀作用的药剂称为触杀剂，如辛硫磷等。目前使用的大多数杀虫剂属于此类，可用于防治各种类型的害虫。

三、熏蒸剂

药剂在常温下以气体状态或分解为气体，通过害虫的呼吸系统进入虫体，使害虫中毒或死亡，具有这种熏蒸作用的药剂称为熏蒸剂，如磷化铝、氯化苦、棉隆、溴甲烷等。熏蒸剂一般应在密闭条件下使用。

四、内吸杀虫剂

药剂通过植物的叶、茎、根部或种子吸收进入植物体内，并在植物体内疏导、扩散、存留或产生更毒的代谢物。当害虫刺吸带毒植物的汁液或组织，导致害虫中毒死亡，具有这种内吸作用的杀虫剂为内吸杀虫剂，如有机磷类杀虫剂等。此类药剂一般只对刺吸式口器的害虫有效。

五、驱避剂

药剂本身没有杀虫能力，但可驱散或使害虫忌避，远离施药的地方，这种药剂被称为驱避剂，如樟脑丸、避蚊油等。

六、引诱剂

药剂能将害虫诱集到一起，以便集中防治，一般可分食物引诱、性引诱、产卵引诱3种，这种药剂被称为引诱剂，如糖醋液、性诱剂等。

七、拒食剂

药剂被害虫取食后，破坏了虫体的正常生理功能，使其消除食欲而不能再取食进而饿死，这种药剂被称为拒食剂，如拒食胺、杀虫脒、吡蚜酮等。

八、不育剂

药剂通过害虫体壁或消化系统进入虫体后，破坏其正常的生殖功能，使害虫不能繁殖后代，这种药剂被称为不育剂。一般可分为雄性不育、雌性不育、两性不育3种，如噻替派、六磷胺等。

九、激素干扰剂

由人工合成的拟昆虫激素，用于干扰昆虫自身体内激素（体内特殊腺体分泌物，可控制和调节昆虫的正常代谢，生长和繁殖）的消长，改变体内正常的生理过程，使之不能正常的生长发育（包括阻止正常变态、打破滞育甚至导致不育），从而达到消灭害虫的目的。此类杀虫剂又称为昆虫生长调节剂，包括类保幼激素（如IR-515）、抗保幼激素（早熟素）、几丁质合成抑制剂（灭幼脲类）等。

十、粘捕剂

用于粘捕害虫并使其致死的药剂。可用树脂（包括天然树脂和人工合成树脂等）与不干性油（如棕榈油、蓖麻油等）加上一定量的杀虫剂混合配制而成。

第三章 杀虫剂的毒理作用和毒性

一、杀虫剂的毒理作用

按毒理作用分类，杀虫剂可分为神经毒剂、呼吸毒剂、物理性毒剂和特异性杀虫剂。

神经毒剂：作用于害虫的神经系统，如除虫菊酯等。

呼吸毒剂：抑制害虫的呼吸酶，如氰氢酸等。

物理性毒剂：如矿物油剂可堵塞害虫气门，惰性粉可磨破害虫表皮，使害虫致死。

特异性杀虫剂：引起害虫生理上的异常反应，如使害虫离作物远去的驱避剂；以性诱或饵诱诱集害虫的诱致剂；使害虫味觉受抑制不再取食以致饥饿而亡的拒食剂；作用于成虫生殖机能使雌雄之一不育或两性皆不育的不育剂；影响害虫生长、变态、生殖的昆虫生长调节剂等。

二、杀虫剂的毒性

根据农业生产上常用农药（原药）的毒性综合评价（急性口服、经皮毒性、慢性毒性等），杀虫剂的毒性分为高毒、中等毒、低毒3类。

高毒杀虫剂（LD_{50}<50mg/kg）：有3911、苏化203、1605、甲基1605、1059、杀螟威、久效磷、磷胺、甲胺磷、异丙磷、三硫磷、氧化乐果、磷化锌、磷化铝、氰化物、呋喃丹等。

中等毒农药（50mg/kg<LD_{50}<500mg/kg）：有杀螟松、乐果、稻

丰散、乙硫磷、亚胺硫磷、皮蝇磷、六六六、高丙体六六六、毒杀芬、氯丹、滴滴涕、西维因、害扑威、叶蝉散、速灭威、混灭威、抗蚜威、倍硫磷、敌敌畏等。

低毒杀虫剂（LD_{50}>500mg/kg）：有敌百虫、马拉松、乙酰甲胺磷、辛硫磷等。

第四章　杀虫剂的储存方法及注意事项

一、储存方法

（1）微生物农药应在低温干燥的环境中保存，防高温防潮湿，保存时间一般不超过2年。

（2）液体农药应注意隔热防晒，避免高温、接触空气；远离火源，防止接触氧化和碱性物质，宜存储于通风避光、阴凉干燥的地方，勿和硝酸盐、强酸等物质及木炭、纸屑等有机物放在一起。瓶装农药的瓶盖、瓶塞必须拧紧盖牢，防止挥发分解。瓶装液体农药遇0℃以下低温时容易结冰，形成块状或使瓶子冻裂，最好用稻壳等物保温防冻。此外，酸性和碱性的农药，如辛硫磷和氟乐灵等，储存时禁止混放在一起，以免失效。

（3）固体农药主要注意隔湿防潮，用木板或晒干的谷壳、麦秸、稻草等做铺垫，并注意通风散湿。烟雾剂存放时不可与易挥发、易燃、易爆物品放在一起，温度也不要超过30℃。

二、注意事项

1. 防止分解

存放农药的地方应阴凉、干燥、通风，温度不应超过25℃，更要注意远离火源，以防药剂高温分解。

2. 防止挥发

由于大多数农药具有挥发性，贮存农药要注意实行密封措施，避免挥发降低药效，污染环境，为害人体健康。

3. 防止误用

农药要集中存放在一个地方，做好标记。如包装破损或破裂，要换好包装，及时贴上标签，以防误用。

4. 防止失效

粉剂农药要放在干燥处，以防受潮结块而失效。

5. 防止中毒

农药不能与粮油、豆类、种子、蔬菜、食物以及动物的饲料等同室存放，尤其注意不要放在小孩可接触到的地方。

6. 防止变质

农药要分类贮存。按化学成分，农药可分为酸性、碱性、中性三大类。这三类农药要分别存放，距离不要太近，防止农药变质失效；也不能和碱性物质、碳铵、硝酸铵等同时存放在一起。

7. 防止火灾

不要把农药和易燃易爆物品存放在一起，如烟熏剂、汽油等，防止引起火灾。

8. 防止冻结

低温要注意防冻，温度保持在1℃以上。防冻的常用办法是用碎柴草、糠壳或不用的棉被覆盖保温。

9. 防止污染环境

对已失效或剩余的少量农药不可在田间地头随地乱倒，更不能倒入池塘、小溪、河流或水井。也不能随意加大浓度后使用，应采取深埋处理，避免污染环境。

10. 防止日晒

用棕色瓶子装着的农药一般需要避光保存。需避光保存的农药，若长期见光暴晒，就会引起农药分解变质和失效。例如乳剂农药经日晒后，乳化性能变差，药效降低，所以在保管时必须避免光照日晒。

第五章　杀虫剂的真伪鉴别

一、检查农药包装

（1）根据国家标准，GB 3796—1983《农药包装通则》规定，农药的外包装箱，应采用带防潮层的瓦楞纸板。外包装窗口要有标签，标明品名、类别、规格、毛重、净重、生产日期、批号、储运指示标志、生产厂名，在最下方还应有一条标明农药的类别：除草剂——绿色；杀虫剂——红色；杀菌剂——黑色；杀鼠剂——蓝色；植物生长调节剂——深黄色。

（2）农药外包装窗口中，必须有合格证、说明书。农药制剂内包装上，必须牢固粘贴标签，或者直接印刷、标示在包装上。标签内容包括：产品通用品名、企业名称、有效成分、剂型、规格、农药登记证号、产品标准代号、准产号、净重或净体积、适用范围、使用方法、施用禁忌、中毒症状和急救、药害、安全间隔期、储存要求等。

二、检验农药理化性质

（1）乳油农药一般是浅黄色或棕色透明液体，加水稀释后如有分层、沉淀或悬浮物，可以判定该农药为伪劣农药。

（2）乳剂农药多为玻璃瓶装，用肉眼观察如发现有分层现象，可将瓶子上下摇荡，待1小时后，如不再有分层现象，说明此农药有效，如仍出现分层，则说明农药已失效。

（3）鉴别粉剂时，可以取清水一杯，将药粉轻轻撒在水面上，如1秒钟内粉末全部渗入水中，说明药物没有失效，如粉末长时间不浸润，说明药物已失效。

三、识别农药“三证”

农药是重要的农资，是特殊商品，国家《农药管理条例》规定，国家实行农药登记制度；国家实行农药生产许可制度；农药生产企业应当按照农药产品质量标准，技术规程进行生产。农药产品出厂前，应当经过质量检验并附具有产品质量检验合格证。这就是通常所讲的农药三证，缺一不可。

（1）农药登记证。临时登记证是以LS或WL打头。正式（品种）登记证号以PD、PDN或WP、WPN打头。分装登记证号一般在原厂家提供的农药登记证号的基础之上加“-口XXXX”口代表省（自治区直辖市）的简称，XXXX表示序号，如LS 981606-浙99042等。

（2）生产许可证号。HNPaaXXXX-b-yyyy其中aa为省市代码，XXXX为企业编码，b为产品类型，yyyy为产品名称。

（3）质量标准证。我国农药质量标准分为国家标准、行业标准、企业标准3种，其证号分别以GB或Q等打头。

凡是不以上述LS、PD、XK、Q等英文字母打头的三证号，往往是生产者或者经销商自己编写的，不受法律保护，其质量值得怀疑，在购买的过程中可向有关部门报告，不懂的也可以向其他人求教，以防上当受骗!

四、购买农药注意事项

（1）首先要查看农药产品标签的标注，注意标签上的农药登记证号、产品标准号、生产许可证号和核准登记的适用范围及防治对象。此外，标签上还应标注有效成分、含量、产品性能、毒性、使用方法、生产日期、有效期、注意事项、生产企业名称、地址和邮政编码等。缺少上述任何一项内容，则应注意，以免购买到假冒伪劣农药。

（2）在产品外观上，粉剂应疏松、外观均匀、不结块；可湿性粉剂用手指捏搓无颗粒感，如有结块或有较多颗粒感或色泽不均匀都可能存在质量问题；乳油、水剂等液态农药应透明均匀、无沉淀或漂浮物，乳油如有分层、沉淀或混浊，可能存在质量问题，乳油加水稀释后如乳液不均匀或有浮油、沉淀，其质量都可能有问题；颗粒剂应色泽均匀，除包衣颗粒剂外，应不易破碎，如色泽不均匀，其质量可能存在问题；悬浮剂、胶悬剂存放后允许有分层现象，但下层农药应轻易摇起，并呈均一的悬浮液。如悬浮剂振摇后仍有结块现象，其质量可能存在问题。而一旦农药产品包装破损、渗漏或包装表面残旧、字体模糊，都应对其产品质量表示怀疑。

（3）购买农资时一定要到证照齐全的农资经营单位购买，农资经营单位除了应持有《营业执照》外，还应当具备本行业的经营许可证。购买农资时一定要注意查看包装是否规范、标签是否完整、有无合格证、不要购买拆开包装的散种子、农药、化肥，不要贪图便宜，购买农资时交易方式要正当，别轻信走街串户的推销者。

（4）购买时，请索要有经营单位公章的信誉卡及有效购物凭证，要求清楚地标明购买时间、产品名称、数量、等级、规格、型号、价格等信息，不要接收个人签名的字据或收条，注意留存农药的外包装和少量原品。

（5）购买和使用农药后发现质量问题，要及时收集和携带相关收据向工商、质检、农业部门或消协投诉，以尽快挽回损失，同时避免更多消费者上当受骗。

第六章 杀虫剂的使用方法

一、杀虫剂使用方法

1. 粉剂

粉剂不易溶于水，一般不能加水喷雾，低浓度的粉剂供喷粉用，高浓度的粉剂用作配制毒土、毒饵、拌种和土壤处理等。粉剂使用方便，工效高，宜在早晚无风或风力微弱时使用。

2. 可湿性粉剂

吸湿性强，加水后能分散或悬浮在水中。可作喷雾、毒饵和土壤处理等用。

3. 可溶性粉剂（水溶剂）

可直接对水喷雾或泼浇。

4. 乳剂（也称乳油）

乳剂加水后为乳化液，可用于喷雾、泼浇、拌种、浸种、毒土、涂茎等。

5. 超低容量制剂（油剂）

直接用来喷雾的药剂，是超低容量喷雾的专门配套农药，使用时不能加水。

6. 颗粒剂和微粒剂

用原药和填充剂制成颗粒的杀虫剂剂型，这种剂型不易产生药害。主要用于灌心叶、撒施、点施、拌种、沟施等。

7. 缓释剂

使用时缓慢释放，可有效地延长药效期，因此，农药的残效期会延长，并减轻污染和毒性，用法一般同颗粒剂。

8. 烟剂

烟剂是用原药、燃料、氧化剂、助燃剂等制成的细粉或锭状物。这种剂型杀虫剂受热汽化，又在空气中凝结成固体微粒，形成烟状，主要用来防治森林、设施农业病虫及仓库害虫。

二、杀虫剂失效辨别方法

在农业生产中，一旦误用了失效的杀虫剂，轻则无防治效果，重则可导致作物受害而造成减产甚至绝收。

1. 杀虫剂失效简易辨别方法

（1）干性粉剂类。正常的干性粉剂杀虫剂应无吸潮结块现象。如外表呈受潮状态，用手握时能成湿团，为半失效杀虫剂；如结成软块，则全部失效。

（2）可湿性粉剂类。取少许杀虫剂倒在容器内，加入适量的水将其调成糊状，然后再加入少量的清水搅拌均匀，静置后观察。如是未变质的农药，其悬浮性较好，粉粒的沉淀速度较慢，沉淀物也特别少。反之，则为不同程度失效或变质的杀虫剂，应当慎用。

（3）乳剂类。在辨别这类杀虫剂时，可先将药瓶用力振荡，静置1小时左右再观察。如果出现了分层的现象，则说明杀虫剂已经失效。或将药瓶放入温热水中，待吸热后观察，如瓶内的沉淀物即会慢慢地溶化、甚至完全消失，则为未变质的杀虫剂；反之，则为失效杀虫剂。

（4）悬浮剂类。长期存放的悬浮剂可能存在少量的分层现象，轻轻摇晃后应为流动的悬浮液，无结块。

（5）颗粒剂类。产品应粗细均匀，不应含有较多粉末。

（6）熏蒸剂类。熏蒸用的片剂如呈粉末状，表明已失效。

2. 杀虫剂失效实验辨别方法

（1）稀释法。取乳剂农药100g，放入玻璃瓶中加水300g。用力振荡，静置半小时后，如果药液浓度不均匀，上面有乳油出现，底部有沉淀物，说明此药已失效。乳油越多，药性越差。

（2）漂浮法。取可湿性粉剂1g，均匀地撒在200ml清水面上，如在1分钟内湿润并沉入水中的为未失效杀虫剂，反之则是失效杀虫剂。

（3）振荡法。乳剂出现油水分离时，可用力振荡，摇动药瓶，静置1小时后，如仍出现分离层，说明此药已经失效。

（4）热溶法。把有沉淀物的乳剂连瓶一起放入50℃的温水中，1小时后，如沉淀物慢慢溶解，说明该药尚未失效。若沉淀物很难溶解或不溶解，则该药已是变质失效了。

（5）悬浮法。取可湿性粉剂50g，放入玻璃容器内，加水搅匀，静置10分钟后，若农药溶解性差，悬浮的粉粒粗，即为失效杀虫剂。

三、杀虫剂使用误区

杀虫剂作为重要的生产资料在农业生产中的地位越来越高，然而由于农民朋友一些不正确的认识，生产中在杀虫剂的使用方面出现了种种误区，主要表现在如下方面。

误区1：不见虫不用药

绝大多数虫害在初期症状很轻，此时用药效果好，等大面积暴发后，用药再多也难以扼住。

误区2：毒性高效果就好

优质杀虫剂正向高效、低毒、低残留的方向发展，而不少农民错误地认为毒性高效果就好，只认购高毒杀虫剂，对低毒高效的杀虫剂缺乏认识，在使用杀虫剂时也不按杀虫剂安全标准使用，将禁止在果树、蔬菜及生食作物上使用的农药用于这些作物，结果造成人、畜中毒。

误区3：浓度越大防效越好

农药配置时不按比例，不用专门量具，只用瓶盖和其他非标准器皿；没有数量概念，一般都超过规定浓度，不仅造成浪费，而且易发生药害，同时也加快了害虫的抗药性。

有的农民认为农药浓度越大，对害虫的防效越好。然而在农药使用过程中，充足的用水量十分重要，因为虫卵多集中于叶背面、临近根系的土壤中，施药时用水量少，很难做到整株喷施，死角中的残卵很容易再次暴发，加大浓度还可强化害虫耐药性，且超过安全浓度有可能发生药害。因此，单纯提高药液浓度，往往适得其反。

误区4：效果好永远好

一是在农药使用中认定某种农药效果好，就长期使用，即使发现了对虫害防治效果下降，也不更换品种；二是采取加大用药量的方法，认识不到害虫已经产生抗药性，结果药量越大，害虫抗药性越高，造成恶性循环。

误区5：速效就好

很多农民在选择杀虫剂时，喜欢选择速效性的农药，原因是速效性的杀虫剂使用后很快表现出效果。尽管有些生物农药效果不错，但由于效果慢，在后期效果才好，而不为农民所认同。他们追求速效性最严重的后果是，使用剧毒、高毒、高残留农药，生产出的产品农药残留量超标。

误区6：盲目用药

很多农民由于缺乏必要的植保知识，出现虫害症状不能正确诊断，盲目用药，从而贻误最佳防治时机。

误区7：混配种类越多越好

生产中经常存在的一个主要问题是，不少农民用几种杀虫剂与微肥、杀菌剂、病毒剂等5～8种混用，不仅影响药效，甚至会产生药害，影响作物生长。

误区8：天敌没用

当害虫较少而天敌较多时，可不喷药，害虫较多，非喷药不可的，应尽可能选用高效低毒对天敌影响不大的农药，最大限度地保护和利用天敌。

误区9：一劳永逸

杀虫剂在虫害发生盛期，防治一次虽能取得明显效果，但随着农药的流失和分解失效，及受临近地块的影响，仍有发生的隐患，应间隔7～15天，连续用药数次，才能达到最佳防效。

误区10：见药就用

用杀虫剂防治植物病害，把杀菌剂用于防治害虫，甚至将除草剂用来防治病虫害，特别是在农药价格高涨的情况下，此类情况尤为严重，这样盲目用药，轻则贻误时机，影响效果，重则造成药害，甚至农作物绝收。

四、杀虫剂使用注意事项

1. 杀虫剂的选择

市场上的杀虫剂品种繁多，质量参差不齐，防治对象也有很大差异，因此，一定要根据所要防治的对象选择农药，做到对症用药，避免盲目用药。

2. 杀虫剂的配制

杀虫剂的配制虽然不难，却经常由于粗心或操作不当出现一些问题，应引起重视。一要准确称量药量和对水量；二要先对母液进行稀释；三要注意人员及环境安全。随意加大或减少用量，都会对药效产生重大影响，甚至引发药害。

3. 杀虫剂的使用适期

任何一种虫害，都有它的防治适期，要根据具体情况确定，不能盲目用药，用药过早或过晚都不能达到理想的效果，只有正确选择防治适期才能达到最理想的效果。

4. 杀虫剂的施用技术

科学的施药技术及合理的施药时间是防治效果的保障，只有严格按照操作规程使用农药，才能达到理想的防治效果。一要选择适宜的器械；二要根据具体农药特性，采取不同的喷施方式；三要根据不同的防治对象采取相应的施药技术；四要注意周围作物，避免对周围作物产生药害。

5. 杀虫剂施用的最佳时间

夏季喷农药，无论是对粮食作物、蔬菜作物、经济作物，还是果树等，都应在8：00—10：00、17：00前后为最佳时间。上午9：00左右，正是日出性害虫取食、活动、交配最旺盛时间，故此时用药，不会因为药剂被露水冲洗或稀释而降低其药效，也不会因气温高而导致药剂分解而影响药效。相反，这时用药反而会增加害虫取食及触药机会，有效地提高农药的杀伤力。此时用药效果好。17：00以后，光线渐弱，温度渐低，夜出性害虫（粉虱、蓟马）开始活跃，在这个时候喷药，同样有较高的杀菌灭虫效果。

冬春低温季节，农药施用时间在14：30—15：30为宜。因为冬春季节，棚内温度低，上午叶片露水退去后，温度逐渐提高，光合作用逐渐进入高峰期，若在上午或中午喷药，高温容易促进药剂的分解和药物有效成分的挥发。同时，农作物的生命力会变得旺盛，叶子上气孔开放多而大，如若此时喷上药剂后，药剂容易侵入到作物体内，作物受药害的概率大大增加。此外，高温下，药剂的化学活性也会变强，农药的毒性也变大了，极易发生施药人员中毒事故。

此外要注意看天气施药。刮大风、下雨前不能喷药；有露水不能喷药；高温烈日下如中午时段不能喷药。因为此时温度高，太阳光照强，有些害虫怕强光而躲于背光处，甚至停止活动。加之在高温下药性分解快，故药效反而降低。同时，容易导致人、畜中毒。

6. 杀虫剂安全使用间隔期

为了保证农产品质量安全，在杀虫剂使用中必须注意安全间隔期，即最后一次施药至作物收获时所要间隔的天数，也就是收获前禁止使用农药的日期。在安全间隔期内施药，才能保证农药残留量不超标，才能保证农产品的质量安全。不同的杀虫剂有不同的安全间隔期，使用时应按农药标签规定执行。

7. 安全防护

杀虫剂是有毒品，在使用过程中应时刻注意对自身的安全防护，防止引起人员中毒。要穿戴必要的防护服、口罩等防护用具；施药期间禁止吸烟、进食和饮水；施药时，要站在上风向，实行作物隔行施药；施药后应及时更换服装，清洗身体。

8. 废液处理

施药后，剩余的药液及洗刷喷雾器用的废水应妥善处理，不能随意乱倒，注意对环境的保护。

第七章　农药产品标识

一、农药产品名标识中“TM”“R”区别

TM是英文trademark的缩写。在中国，商标上的TM有其特殊含义。TM标识并非对商标起到保护作用，而是表示该商标已经向国家商标局提出申请，并且国家商标局也已经下发了《受理通知书》，进入了异议期，这样就可以防止其他人提出重复申请，也表示现有商标持有人有优先使用权。

圆圈R是英文register注册的开头字母。在中国，商标上的圆圈R是“注册商标”的标记，表示该商标已在国家商标局进行注册申请并已经商标局审查通过，成为注册商标。圆圈里的R注册商标具有排他性、独占性、唯一性等特点，属于注册商标所有人所独占，受法律保护，任何企业或个人未经注册商标所有权人许可或授权，均不可自行使用，否则将承担侵权责任。

二、农药产品标签上色带标识和象形图

（一）农药产品标签上色带标识

在农药标签的底部有一条或两条与底边平行的、不褪色的特征颜色标识带并镶嵌有相应的描述文字（其颜色与标识带形成明显反差），表示农药的不同类别。

第一种是红色，用于高毒或剧毒农药之标签上，红色带并镶嵌“杀虫（螨、软体动物）剂”字样，表示杀虫（螨、软体动物）剂；红色和黑色带并分别镶嵌“杀虫剂/杀菌剂”或“杀虫剂/杀线虫剂”字样，表示杀虫/杀菌剂或杀虫/杀线虫剂。

第二种是黄色的色带，表示“有害的”；黄色带并镶嵌“植物生长调节剂”字样，表示植物生长调节剂。

第三种是蓝色色带，表示“应小心使用”；蓝色带并镶嵌“杀鼠剂”字样，表示杀鼠剂。

第四种是绿色的，表示比较安全的农药；绿色带并镶嵌“除草剂”字样，表示除草剂。

（二）农药毒性标识

毒性标识按《农药毒性分级标准》，农药毒性分为剧毒、高毒、中等毒、低毒、微毒5个级别，分别用黑色标识以及红色描述文字来表示，一般设在农药标签的右下方，其标识如下。剧毒农药：用黑色菱形图中加入人头骷髅表示，并在图下方印有红色“剧毒”字样。高毒农药：用黑色菱形图中加入人头骷髅表示，并在图下方印有红色“高毒”字样。中等毒农药：用红色菱形图加黑色十字叉表示，并在图下方印有红色“中等毒”字样。低毒农药：用红色菱形图表示，并在图中印有黑色“低毒”字样。微毒农药：没有毒性标识，仅标以黑色“微毒”字样。

（三）农药标签上的象形图

由于农药种类不同，不同国家的农药使用者的文化水平、受训练程度及专业水平等不同，有些使用人员就不一定能有意识地采用合理、谨慎的态度，也并不一定总能阅读或完全理解农药标签上的警句及使用建议。象形图的设计就是为了帮助农药使用者准确地阅读和理解农药标签上的内容。为此，GIFAP和FAO共同设计完成了一整套象形图。这一套象形图是根据农药使用过程中的几个方面如贮存、配制及施用过程和施用之后应注意的问题设计的。

1. 象形图的种类

贮存象形图

放在儿童接触不到的地方，并加锁。

操作象形图

配制液体农药时

配制固体农药时

喷药时

忠告象形图

戴手套

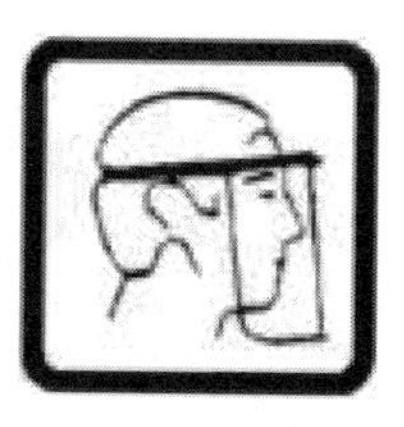

戴防护罩

戴防毒面具

戴口罩

穿胶靴

用药后需清洗

警告象形图

危险/对家畜有害

危险/对鱼有害，不要污染湖泊、河流、池塘和小溪

2. 象形图的使用方法

象形图应用黑白两色印制，通常位于标签的底部。象形图的尺寸应与标签的大小相协调。每个农药商品上象形图的使用应根据使用该药时的安全措施的需要而定。允许不同农药在有关配制和喷洒农药的忠告象形图存在差别。下面是各种象形图的使用方法。

此图表示“放在儿童接触不到的地方，并加锁”。所有的农药商品标签都必须使用此象形图，并将其放置在所有象形图的最左边。

此组合图是从农药包装容器中倾倒配制农药的操作象形图，应放在标签左边，并与其左边有关的忠告象形图组（戴手套和戴保护镜）配合使用，并用一清楚的框将它们围起来，表示它是相关联的。本象形图组合表示配制液体农药时应戴手套和保护镜。

这是喷洒农药的象形图与忠告象形图（戴手套和穿胶靴）的一种组合，并用框包围起来，此组合表示施用本药剂时应戴手套和穿胶靴。此组合应放在标签的右半边。

这是表示“用药后需清洗”的象形图，所有标签上都应印上此图，应位于标签上有关农药施用的象形图组的右边。

这两张是关于施药对环境影响的象形图。必要时，可将其印于“用药后需清洗”的象形图的右边。

如果将一条表示危险毒性警告标识色带用于标签时，可以将象形图放在此色带内。如果出现了一个完整的毒性警告标识色带和毒性标识（如骷髅和交叉长骨），象形图可印在标识色带内，同时可加上有关的警句。

3. 象形图的注意事项

首先，象形图仅仅是农药标签上的文字的扩展及补充说明，绝不能取代标签上的文字内容。

其次，虽然象形图有助于对文字说明部分的理解，但要注意不能用过多的象形图弄乱了标签上的重要内容。

再次，使用象形图时绝不能与国际上的有关规定相矛盾。

第八章　绿色食品生产允许使用的农药和其他植保产品清单

绿色食品是指产自优良生态环境、按照绿色食品标准生产、实行全程质量控制并获得绿色食品标识使用权的安全、优质食用农产品及相关产品。规范绿色食品生产中的农药使用行为，是保证绿色食品符合性的一个重要方面。《绿色食品农药使用准则NY/T 393—2013》充分遵循了绿色食品对优质安全、环境保护和可持续发展的要求，将绿色食品生产中的农药使用更严格地限于农业有害生物综合防治的需要，并采用准许清单制进一步明确允许使用的农药品种。

A级绿色食品生产应按照《绿色食品农药使用准则NY/T 393—2013》附录A的规定，优先从表A.1中选用农药。在表A.1所列农药不能满足有害生物防治需要时，还可适量使用第A.2所列的农药。

表A.1　A级绿色食品生产允许使用的农药和其他植保产品清单

类别	组分名称	备注
I.植物和动物来源	楝素（苦楝、印楝等提取物，如印楝素等）	杀虫
	天然除虫菊素（除虫菊科植物提取液）	杀虫
	苦参碱及氧化苦参碱（苦参等提取物）	杀虫
	蛇床子素（蛇床子提取物）	杀虫、杀菌
	小檗碱（黄连、黄柏等提取物）	杀菌
	大黄素甲醚（大黄、虎杖等提取物）	杀菌
	乙蒜素（大蒜提取物）	杀菌
	苦皮藤素（苦皮藤提取物）	杀虫
	藜芦碱（百合科藜芦属和喷嚏草属植物提取物）	杀虫

（续表）

类别	组分名称	备注
I.植物和动物来源	桉油精（桉树叶提取物）	杀虫
	植物油（如薄荷油、松树油、香菜油、八角茴香油）	杀虫、杀螨、杀真菌、抑制发芽
	寡聚糖（甲壳素）	杀菌、植物生长调节
	天然诱集和杀线虫剂（如万寿菊、孔雀草、芥子油）	杀线虫
	天然酸（如食醋、木醋和竹醋等）	杀菌
	菇类蛋白多糖（菇类提取物）	杀菌
	水解蛋白质	引诱
	蜂蜡	保护嫁接和修剪伤口
	明胶	杀虫
	具有驱避作用的植物提取物（大蒜、薄荷、辣椒、花椒、薰衣草、柴胡、艾草的提取物）	驱避
	害虫天敌（如寄生蜂、瓢虫、草蛉等）	控制虫害
Ⅱ.微生物来源	真菌及真菌提取物（白僵菌、轮枝菌、木霉菌、耳霉菌、淡紫拟青霉、金龟子绿僵菌、寡雄腐霉菌等）	杀虫、杀菌、杀线虫
	细菌及细菌提取物（苏云金芽孢杆菌、枯草芽孢杆菌、蜡质芽孢杆菌、地衣芽孢杆菌、多粘类芽孢杆菌、荧光假单胞杆菌、短稳杆菌等）	杀虫、杀菌
	病毒及病毒提取物（核型多角体病毒、质型多角体病毒、颗粒体病毒等）	杀虫
	多杀霉素、乙基多杀菌素	杀虫
	春雷霉素、多抗霉素、井冈霉素、（硫酸）链霉素、嘧啶核苷类抗菌素、宁南霉素、申嗪霉素和中生菌素	杀菌
	S-诱抗素	植物生长调节
Ⅲ.生物化学产物	氨基寡糖素、低聚糖素、香菇多糖	防病
	几丁聚糖	防病、植物生长调节
	苄氨基嘌呤、超敏蛋白、赤霉酸、羟烯腺嘌呤、三十烷醇、乙烯利、吲哚丁酸、吲哚乙酸、芸薹素内酯	植物生长调节

A.2 A级绿色食品生产允许使用的其他农药清单

当表A.1所列农药和其他植保产品不能满足有害生物防治需要时，A级绿色食品生产还可按照农药产品标签或GB/T 8321的规定使用下列农药。

杀虫剂

1. S-氰戊菊酯 esfenvalerate
2. 吡丙醚 pyriproxifen
3. 吡虫啉 imidacloprid
4. 吡蚜酮 pymetrozine
5. 丙溴磷 profenofos
6. 除虫脲 diflubenzuron
7. 啶虫脒 acetamiprid
8. 毒死蜱 chlorpyrifos
9. 氟虫脲 flufenoxuron
10. 氟啶虫酰胺 flonicamid
11. 氟铃脲 hexaflumuron
12. 高效氯氰菊酯 beta-cypermethrin
13. 甲氨基阿维菌素苯甲酸盐 emamectin benzoate
14. 甲氰菊酯 fenpropathrin
15. 抗蚜威 pirimicarb
16. 联苯菊酯 bifenthrin
17. 螺虫乙酯 spirotetramat
18. 氯虫苯甲酰胺 chlorantraniliprole
19. 氯氟氰菊酯 cyhalothrin
20. 氯菊酯 permethrin
21. 氯氰菊酯 cypermethrin
22. 灭蝇胺 cyromazine
23. 灭幼脲 chlorbenzuron
24. 噻虫啉 thiacloprid
25. 噻虫嗪 thiamethoxam
26. 噻嗪酮 buprofezin
27. 辛硫磷 phoxim
28. 茚虫威 indoxacard

杀螨剂

29. 苯丁锡 fenbutatin oxide
30. 喹螨醚 fenazaquin
31. 联苯肼酯 bifenazate
32. 螺螨酯spirodiclofen
33. 噻螨酮 hexythiazox
34. 四螨嗪 clofentezine
35. 乙螨唑 etoxazole
36. 唑螨酯 fenpyroximate

杀软体动物剂

37. 四聚乙醛 metaldehyde

杀菌剂

38. 吡唑醚菌酯 pyraclostrobin
39. 丙环唑 propiconazol
40. 代森联 metriam
41. 代森锰锌 mancozeb
42. 代森锌 zineb
43. 啶酰菌胺 boscalid
44. 啶氧菌酯 picoxystrobin
45. 多菌灵 carbendazim
46. 噁霉灵 hymexazol
47. 噁霜灵 oxadixyl
48. 粉唑醇 flutriafol
49. 氟吡菌胺 fluopicolide
50. 氟啶胺 fluazinam
51. 氟环唑 epoxiconazole
52. 氟菌唑 triflumizole
53. 腐霉利 procymidone
54. 咯菌腈 fludioxonil
55. 甲基立枯磷 tolclofos-methyl
56. 甲基硫菌灵 thiophanate-methyl
57. 甲霜灵 metalaxyl
58. 腈苯唑 fenbuconazole
59. 腈菌唑 myclobutanil
60. 精甲霜灵 metalaxyl-M
61. 克菌丹 captan
62. 醚菌酯 kresoxim-methyl
63. 嘧菌酯 azoxystrobin
64. 嘧霉胺 pyrimethanil
65. 氰霜唑 cyazofamid
66. 噻菌灵 thiabendazole
67. 三乙膦酸铝 fosetyl-aluminium
68. 三唑醇 triadimenol
69. 三唑酮 triadimefon
70. 双炔酰菌胺 mandipropamid
71. 霜霉威 propamocarb
72. 霜脲氰 cymoxanil
73. 萎锈灵 carboxin
74. 戊唑醇 tebuconazole
75. 烯酰吗啉 dimethomorph
76. 异菌脲 iprodione
77. 抑霉唑 imazalil
78. 熏蒸剂
79. 棉隆dazomet
80. 威百亩metam-sodium

除草剂

81. 2甲4氯 MCPA
82. 氨氯吡啶酸 picloram
83. 丙炔氟草胺 flumioxazin
84. 草铵膦 glufosinate-ammonium
85. 草甘膦 glyphosate
86. 敌草隆 diuron
87. 噁草酮 oxadiazon
88. 二甲戊灵 pendimethalin

89. 二氯吡啶酸 clopyralid
90. 二氯喹啉酸 quinclorac
91. 氟唑磺隆 flucarbazone-sodium
92. 禾草丹 thiobencarb
93. 禾草敌 molinate
94. 禾草灵 diclofop-methyl
95. 环嗪酮 hexazinone
96. 磺草酮 sulcotrione
97. 甲草胺 alachlor
98. 精吡氟禾草灵 fluazifop-P
99. 精喹禾灵 quizalofop-P
100. 绿麦隆 chlortoluron
101. 氯氟吡氧乙酸（异辛酸）fluroxypyr
102. 氯氟吡氧乙酸异辛酯 fluroxypyr-mepthyl
103. 麦草畏 dicamba
104. 咪唑喹啉酸 imazaquin
105. 灭草松 bentazone
106. 氰氟草酯 cyhalofop butyl
107. 炔草酯 clodinafop-propargyl
108. 乳氟禾草灵 lactofen
109. 噻吩磺隆 thifensulfuron-methyl
110. 双氟磺草胺 florasulam
111. 甜菜安 desmedipham
112. 甜菜宁 phenmedipham
113. 西玛津 simazine
114. 烯草酮 clethodim
115. 烯禾啶 sethoxydim
116. 硝磺草酮 mesotrione
117. 野麦畏 tri-allate
118. 乙草胺 acetochlor
119. 乙氧氟草醚 oxyfluorfen
120. 异丙甲草胺 metolachlor
121. 异丙隆 isoproturon
122. 莠灭净 ametryn
123. 唑草酮 carfentrazone-ethyl
124. 仲丁灵 butralin

植物生长调节剂

125. 2，4-滴2，4-D（只允许作为植物生长调节剂使用）
126. 矮壮素 chlormequat
127. 多效唑 paclobutrazol
128. 氯吡脲 forchlorfenuron
129. 萘乙酸 1-naphthal acetic acid
130. 噻苯隆 thidiazuron
131. 烯效唑 uniconazole

注1：该清单每年都可能根据新的评估结果发布修改单

注2：国家新禁用的农药自动从该清单中删除

第九章　国家禁用和限用农药名录

一、禁止使用的42种农药（2018年）

（1）甲胺磷、甲基对硫磷、对硫磷、久效磷、磷胺、六六六、滴滴涕、毒杀芬、二溴氯丙烷、杀虫脒、二溴乙烷、除草醚、艾氏剂、狄氏剂、汞制剂、砷类、铅类、敌枯双、氟乙酰胺、甘氟、毒鼠强、氟乙酸钠、毒鼠硅、苯线磷、地虫硫磷、甲基硫环磷、磷化钙、磷化镁、磷化锌、硫线磷、蝇毒磷、治螟磷、特丁硫磷、氯磺隆、福美胂、福美甲胂、氯丹、灭蚁灵、六氯苯39种。

（2）胺苯磺隆、甲磺隆。单剂产品自2015年12月31日起禁止使用，复配制剂产品自2017年7月1日起禁止使用。

（3）百草枯水剂。自2016年7月1日起禁止使用。

二、限制使用的25种农药（2018年）

中文通用名	禁止使用范围
甲拌磷、甲基异柳磷、内吸磷、克百威、涕灭威、灭线磷、硫环磷、氯唑磷、水胺硫磷、灭多威、氧乐果、硫丹、杀扑磷13种	禁止在蔬菜、果树、茶树、中草药材上使用，禁止用于防治卫生害虫
溴甲烷	禁止在草莓、黄瓜上使用
三氯杀螨醇、氰戊菊酯	禁止在茶树上使用
丁酰肼（比久）	禁止在花生上使用
氟虫腈	除卫生用、玉米等部分旱田种子包衣剂以外，禁止在其他方面使用

（续表）

中文通用名	禁止使用范围
毒死蜱、三唑磷	自2016年12月31日起，禁止在蔬菜上使用
溴甲烷、氯化苦	自2015年10月1日起，只能用于土壤熏蒸
三氯杀螨醇	自2018年10月1日起全面禁止使用
氟苯虫酰胺	自2018年10月1日起，禁止在水稻上使用
克百威、甲拌磷、甲基异柳磷	自2018年10月1日起，禁止在甘蔗作物上使用
2，4-滴丁酯	不再受理、批准2，4-滴丁酯（包括原药、母药、单剂、复配制剂，下同）的田间试验和登记申请；不再受理、批准2，4-滴丁酯境内使用的续展登记申请。保留原药生产企业2，4-滴丁酯产品的境外使用登记，原药生产企业可在续展登记时申请将现有登记变更为仅供出口境外使用登记
磷化铝	应当采用内外双层包装。外包装应具有良好密闭性，防水防潮防气体外泄。自2018年10月1日起，禁止销售、使用其他包装的磷化铝产品

按照《农药管理条例》规定，任何农药产品使用都不得超出农药登记批准的使用范围。剧毒、高毒农药不得用于防治卫生害虫，不得用于蔬菜、瓜果、茶叶和中草药材生产。

第十章　种植业生产使用低毒低残留农药主要品种名录（2017）

一、杀虫剂（33种）

序号	农药品种名称	使用范围
1	虫酰肼	十字花科蔬菜、苹果树
2	除虫脲	小麦、甘蓝、苹果树
3	氟啶脲	甘蓝、萝卜
4	氟铃脲	甘蓝
5	灭幼脲	甘蓝
6	松毛虫赤眼蜂	玉米
7	氟虫脲	苹果树
8	甲氧虫酰肼	甘蓝、苹果树
9	氯虫苯甲酰胺	玉米、甘蓝、花椰菜、苹果树
10	灭蝇胺	黄瓜、菜豆
11	杀铃脲	苹果树
12	烯啶虫胺	甘蓝
13	印楝素	甘蓝
14	苦参碱	甘蓝、黄瓜、梨树
15	矿物油	黄瓜、番茄、苹果树、梨树

（续表）

序号	农药品种名称	使用范围
16	螺虫乙酯	番茄、苹果树
17	苏云金杆菌	十字花科蔬菜、辣椒、玉米、大豆、烟草、梨树
18	菜青虫颗粒体病毒	十字花科蔬菜
19	除虫菊素	十字花科蔬菜
20	短稳杆菌	十字花科蔬菜
21	耳霉菌	小麦
22	甘蓝夜蛾核型多角体病毒	甘蓝、玉米、烟草
23	金龟子绿僵菌	大白菜、甘蓝、苹果树
24	球孢白僵菌	小白菜、番茄、韭菜
25	甜菜夜蛾核型多角体病毒	十字花科蔬菜
26	小菜蛾颗粒体病毒	十字花科蔬菜
27	斜纹夜蛾核型多角体病毒	十字花科蔬菜
28	乙基多杀菌素	甘蓝、茄子
29	苜蓿银纹夜蛾核型多角体病毒	十字花科蔬菜
30	多杀霉素	甘蓝、大白菜、茄子、花椰菜
31	联苯肼酯	辣椒、苹果树
32	四螨嗪	苹果树、梨树
33	溴螨酯	苹果树

二、杀菌剂（45种）

序号	农药品种名称	使用范围
1	苯醚甲环唑	小麦、黄瓜、番茄、西瓜、大蒜、芹菜、白菜、大豆、苹果树、梨树
2	春雷霉素	番茄、黄瓜
3	丙环唑	玉米、小麦、大豆、苹果树
4	吡唑醚菌酯	黄瓜、西瓜、白菜、苹果树
5	啶酰菌胺	黄瓜、草莓、葡萄、甜瓜、苹果树
6	噁霉灵	黄瓜（苗床）、西瓜、甜菜
7	己唑醇	小麦、番茄、葡萄、苹果树、梨树
8	咪鲜胺	小麦、黄瓜、辣椒、油菜、大蒜、葡萄、西瓜、苹果树
9	咪鲜胺锰盐	黄瓜、辣椒、葡萄、西瓜、蘑菇、大蒜、苹果树
10	醚菌酯	小麦、黄瓜、草莓、苹果树
11	嘧菌环胺	葡萄
12	嘧菌酯	玉米、黄瓜、番茄、西瓜、马铃薯、葡萄、大豆
13	噻呋酰胺	马铃薯
14	噻菌灵	葡萄、蘑菇、苹果树
15	三唑醇	小麦
16	三唑酮	小麦、玉米
17	戊菌唑	葡萄
18	烯酰吗啉	黄瓜、辣椒、葡萄、马铃薯、苦瓜、甜瓜
19	异菌脲	番茄、油菜、葡萄、苹果
20	氨基寡糖素	小麦、玉米、黄瓜、番茄、辣椒、白菜、西瓜、烟草、苹果树、梨树
21	多抗霉素	黄瓜、苹果树、梨树

（续表）

序号	农药品种名称	使用范围
22	氟啶胺	辣椒、大白菜、马铃薯
23	氟菌唑	黄瓜、梨
24	氟吗啉	黄瓜
25	几丁聚糖	小麦、玉米、黄瓜、番茄、大豆
26	井冈霉素	小麦
27	喹啉铜	黄瓜、番茄、苹果树
28	宁南霉素	番茄、苹果
29	噻霉酮	黄瓜
30	烯肟菌胺	小麦、黄瓜
31	低聚糖素	小麦、玉米、番茄
32	地衣芽孢杆菌	小麦、黄瓜、西瓜
33	多粘类芽孢杆菌	黄瓜、番茄、辣椒、西瓜、茄子、烟草
34	菇类蛋白多糖	番茄
35	寡雄腐霉菌	番茄
36	哈茨木霉菌	番茄、烟草
37	蜡质芽孢杆菌	小麦、茄子、番茄
38	木霉菌	小麦、黄瓜、番茄
39	葡聚烯糖	番茄
40	香菇多糖	西葫芦、番茄、辣椒、西瓜、烟草
41	乙嘧酚	黄瓜
42	荧光假单胞杆菌	小麦、番茄、黄瓜、烟草
43	淡紫拟青霉	番茄
44	厚孢轮枝菌	烟草
45	枯草芽孢杆菌	黄瓜、番茄、大白菜、辣椒、马铃薯、草莓、烟草

三、除草剂（13种）

序号	农药品种名称	使用范围
1	苯磺隆	小麦
2	苄嘧磺隆	小麦
3	丙炔氟草胺	大豆田
4	精喹禾灵	油菜田、大豆田
5	氯氟吡氧乙酸	小麦田、玉米田
6	烯禾啶	油菜田、大豆田、甜菜田
7	硝磺草酮	玉米田
8	异丙甲草胺	玉米田、大豆田
9	仲丁灵	西瓜田
10	丙炔噁草酮	马铃薯田
11	精异丙甲草胺	玉米田、夏大豆田、甜菜田
12	精吡氟禾草灵	大豆田、甜菜田
13	高效氟吡甲禾灵	向日葵田

四、植物生长调节剂（10种）

序号	农药品种名称	使用范围
1	萘乙酸	小麦、番茄、葡萄、苹果树
2	胺鲜酯	白菜、玉米
3	超敏蛋白	番茄、辣椒、烟草
4	赤霉酸A_3	菠菜、芹菜、大白菜、烟草、梨树
5	赤霉酸A_4+A_7	苹果树、梨树
6	复硝酚钠	番茄
7	乙烯利	玉米、番茄
8	芸薹素内酯	小麦、玉米、油菜、大豆、叶菜类蔬菜、烟草、黄瓜、番茄、辣椒、葡萄、草莓、苹果树、梨树
9	S-诱抗素	番茄、烟草、葡萄
10	三十烷醇	小麦、平菇、烟草

注：按照登记标签标注的使用范围和注意事项使用

第十一章　到2020年农药使用量零增长行动方案

为贯彻落实中央农村工作会议、中央一号文件和全国农业工作会议精神，紧紧围绕“稳粮增收调结构，提质增效转方式”的工作主线，大力推进化肥减量提效、农药减量控害，积极探索产出高效、产品安全、资源节约、环境友好的现代农业发展之路，农业部制定了《到2020年化肥使用量零增长行动方案》和《到2020年农药使用量零增长行动方案》，现印发给你们，请结合本地实际，细化实施方案，加大工作力度，强化责任落实，有力有序推进，确保取得实效。

农业部

2015年2月17日

农药是重要的农业生产资料，对防病治虫、促进粮食和农业稳产高产至关重要。但由于农药使用量较大，加之施药方法不够科学，带来生产成本增加、农产品残留超标、作物药害、环境污染等问题。为推进农业发展方式转变，有效控制农药使用量，保障农业生产安全、农产品质量安全和生态环境安全，促进农业可持续发展，农业部制定《到2020年农药使用量零增长行动方案》。

一、现状和形势

施用农药是防病治虫的重要措施。多年来，因农作物播种面积逐年扩大、病虫害防治难度不断加大，农药使用量总体呈上升趋势。据统计，2012—2014年农作物病虫害防治农药年均使用量31.1万t（折百，下同），比2009—2011年增长9.2%。农药的过量使用，不仅造成生产成本增加，也影响农产品质量安全和生态环境安全。实现农药减量控害，十分必要。

（一）促进病虫可持续治理的需要

由于气候的变化和栽培方式的改变，农作物病虫害呈多发、频发、重发的态势。据统计，2013年农作物病虫草鼠发生面积73亿亩次，比2003年增加12.8亿亩次、增长21%。目前，防病治虫多依赖化学农药，容易造成病虫抗药性增强、防治效果下降，出现农药越打越多、病虫越防越难的问题。需要保护和利用天敌，实施生物、物理防治等绿色防控措施，科学使用农药，遏制病虫加重发生的态势，实现可持续治理。

（二）保障农产品质量安全的需要

目前，病虫防治最主要的手段还是化学防治，但因防治不科学、使用不合理，容易造成部分产品农药残留超标，影响农产品质量安全。保障农产品质量安全，需要强化“管”的制度保障，也需要强化“产”的过程控制。“产”的过程控制，关键是要控制农残，注重源头治理、标本兼治，实现农药减量使用、科学使用，保障农产品质量安全。

（三）促进农业节本增收的需要

粮食和农业效益仍然偏低，重要的原因是生产成本增加较快。既有劳动力成本的增加，也有物化成本的增加。农药是重要的投入品，施用农药需大量人工，过量施药必然造成农业生产成本增加。据调查分析，2012年，蔬菜、苹果农药使用成本均比2002年提高90%左右。需要集成推广绿色防控技术，大力推进统防统治，提高防治效果，降低生产成本，实现提质增效。

（四）保护生态环境安全的需要

目前，我国农药平均利用率仅为35%，大部分农药通过径流、渗漏、飘移等流失，污染土壤、水环境，影响农田生态环境安全。实施农药减量控害，改进施药方式，有助于提高防治效果，减轻农业面源污染，保护农田生态环境，促进生产与生态协调发展。

二、总体思路、基本原则和目标任务

（一）总体思路

坚持“预防为主、综合防治”的方针，树立“科学植保、公共植保、绿色植保”的理念，依靠科技进步，依托新型农业经营主体、病虫防治专业化服务组织，集中连片整体推进，大力推广新型农药，提升装备水平，加快转变病虫害防控方式，大力推进绿色防控、统防统治，构建资源节约型、环境友好型病虫害可持续治理技术体系，实现农药减量控害，保障农业生产安全、农产品质量安全和生态环境安全。

（二）基本原则

一是坚持减量与保产并举。在减少农药使用量的同时，提高病虫害综合防治水平，做到病虫害防治效果不降低，促进粮食和重要农产品生产稳定发展，保障有效供给。

二是坚持数量与质量并重。在保障农业生产安全的同时，更加注重农产品质量的提升，推进绿色防控和科学用药，保障农产品质量安全。

三是坚持生产与生态统筹。在保障粮食和农业生产稳定发展的同时，统筹考虑生态环境安全，减少农药面源污染，保护生物多样性，促进生态文明建设。

四是坚持节本与增效兼顾。在减少农药使用量的同时，大力推广新药剂、新药械、新技术，做到保产增效、提质增效，促进农业增产、农民增收。

（三）目标任务

到2020年，初步建立资源节约型、环境友好型病虫害可持续治理技术体系，科学用药水平明显提升，单位防治面积农药使用量控制在近三年平均水平以下，力争实现农药使用总量零增长。

——绿色防控：主要农作物病虫害生物、物理防治覆盖率达到30%以上、比2014年提高10个百分点，大中城市蔬菜基地、南菜北运蔬菜基地、北方设施蔬菜基地、园艺作物标准园全覆盖。

——统防统治：主要农作物病虫害专业化统防统治覆盖率达到40%以上、比2014年提高10个百分点，粮棉油糖等作物高产创建示范片、园艺作物标准园全覆盖。

——科学用药：主要农作物农药利用率达到40%以上、比2013年提高5个百分点，高效低毒低残留农药比例明显提高。

三、技术路径和区域重点

（一）技术路径

根据病虫害发生为害的特点和预防控制的实际，坚持综合治理、标本兼治，重点在“控、替、精、统”四个字上下功夫。

一是“控”，即是控制病虫发生为害。应用农业防治、生物防治、物理防治等绿色防控技术，创建有利于作物生长、天敌保护而不利于病虫害发生的环境条件，预防控制病虫发生，从而达到少用药的目的。

二是“替”，即是高效低毒低残留农药替代高毒高残留农药、大中型高效药械替代小型低效药械。大力推广应用生物农药、高效低毒低残留农药，替代高毒高残留农药。开发应用现代植保机械，替代跑冒滴漏落后机械，减少农药流失和浪费。

三是“精”，即是推行精准科学施药。重点是对症适时适量施药。在准确诊断病虫害并明确其抗药性水平的基础上，配方选药，对症用药，避免乱用药。根据病虫监测预报，坚持达标防治，适期用药。按照农药使用说明要求的剂量和次数施药，避免盲目加大施用剂量、增加使用次数。

四是“统”，即是推行病虫害统防统治。扶持病虫防治专业化服务组织、新型农业经营主体，大规模开展专业化统防统治，推行植保机械与农艺配套，提高防治效率、效果和效益，解决一家一户“打药难”“乱打药”等问题。

（二）区域重点

突出小麦、水稻、玉米、马铃薯、蔬菜、水果、茶叶等主要作物，实施分类指导、分区推进。

1. 东北地区

包括辽宁、吉林、黑龙江3省及内蒙古东4盟（市），为水稻、玉米、马铃薯、大豆等粮油作物一季种植区。该区域是玉米螟常年重发区，稻瘟病、玉米大斑病和马铃薯晚疫病高风险流行区，黏虫和草地螟间歇暴发区，蝗虫偶发为害区。重点推广玉米螟生物防治、生物农药预防稻瘟病等绿色防控措施，发展大型高效施药机械和飞机航化作业。

2. 黄淮海地区

包括北京、天津、河北、河南、山东及安徽与江苏淮北地区、山西与陕西中南部地区，为小麦、夏玉米轮作区。该区域是小麦穗期蚜虫、吸浆虫、玉米螟常年重发区，东亚飞蝗、黏虫常年发生区，小麦条锈病、赤霉病扩展流行区，以及玉米二点委夜蛾突发为害区。重点推行绿色防控与化学防治相结合、专业化统防统治与群防群治相结合、地面高效施药机械与飞机航化作业相结合措施，大力推广蝗虫生物防治、药剂拌种、秸秆粉碎还田等技术。

3. 长江中下游地区

包括上海、浙江、江西及江苏、安徽、湖北、湖南大部，为稻麦、稻油轮作区，也是柑橘、茶、蔬菜等优势产区。该区域是水稻“两迁”害虫、小麦赤霉病、稻瘟病、柑橘黄龙病等病虫多发重发区。重点推行专业化统防统治，促进统防统治与绿色防控融合发展，实施综合治理。柑橘、茶叶、蔬菜作物上推行灯诱、性诱、色诱、食诱“四诱”措施，优先选用生物农药或高效低毒低残留农药。

4. 华南地区

包括福建、广东、广西、海南4省（区），为双季稻种植区，也是水果、茶叶、甘蔗等优势产区和重要的冬季蔬菜生产基地。该区域是常年境外“两迁”害虫迁入我国的主降区，也是稻瘟病、南方水稻黑条矮缩病、柑橘黄龙病、小菜蛾、豆荚螟、甘蔗螟虫等多种病虫易发重发区。重点推行绿色防控与统防统治融合发展。水果、茶叶、冬季蔬菜生产基地重点推广灯诱、色诱、性诱、生态调控和生物防治措施。

5. 西南地区

包括重庆、四川、贵州、云南及湖北、湖南西部，为稻麦（油）两熟区、春播马铃薯主产区，也是水果、蔬菜、茶叶优势产区。该区域是小麦条锈病冬繁区、南部也是稻飞虱境外虫源初始迁入主降区，丘陵山区气候条件也非常适宜稻瘟病等多种病虫发生流行。重点培育病虫防治专业化服务组织，提高防控组织化程度，推行精准施药和绿色防控。水果、蔬菜、茶叶等重点推广“四诱”和生物防治等绿色防控技术。

6. 西北地区

包括陕西、甘肃、宁夏、新疆和山西中北部及内蒙古中西部地区，为马铃薯、春玉米、小麦、棉花等作物一季种植区，也是苹果、葡萄等优势产区。该区域是小麦条锈病主要越夏源头区，棉铃虫、草地螟和马铃薯晚疫病等重大病虫常年重发区。重点推行绿色防控措施，最大限度降低化学农药使用量。其中，小麦条锈病源头区推行退麦改种、药剂拌种等措施，减少大面积防治次数和外传菌源。

7. 青藏地区

西藏、青海及四川西北部，以牧业为主，种植业占比较小，病虫发生种类较少，为害程度较轻。该区域重点推行以生物防治、生态调控为主的绿色防控措施。

四、重点任务

围绕建立资源节约型、环境友好型病虫害可持续治理技术体系，实现农药使用量零增长。重点任务是："一构建，三推进。"

（一）构建病虫监测预警体系

按照先进、实用的原则，重点建设一批自动化、智能化田间监测网点，健全病虫监测体系；配备自动虫情测报灯、自动计数性诱捕器、病害智能监测仪等现代监测工具，提升装备水平；完善测报技术标准、数学模型和会商机制，实现数字化监测、网络化传输、模型化预测、可视化预报，提高监测预警的时效性和准确性。

（二）推进科学用药

重点是"药、械、人"三要素协调提升。一是推广高效低毒低残留农药。扩大低毒生物农药补贴项目实施范围，加快高效低毒低残留农药品种的筛选、登记和推广应用，推进小宗作物用药试验、登记，逐步淘汰高毒农药。科学采用种子、土壤、秧苗处理等预防措施，减少中后期农药施用次数。对症选药，合理添加喷雾助剂，促进农药减量增效，提高防治效果。二是推广新型高效植保机械。因地制宜推广自走式喷杆喷雾机、高效常温烟雾机、固定翼飞机、直升机、植保无人机等现代植保机械，采用低容量喷雾、静电喷雾等先进施药技术，提高喷雾对靶性，降低飘移损失，提高农药利用率。三是普及科学用药知识。以新型农业经营主体及病虫防治专业化服务组织为重点，培养一批科学用药技术骨干，辐射带动农民正确选购农药、科学使用农药。

（三）推进绿色防控

加大政府扶持，充分发挥市场机制作用，加快绿色防控推进步伐。一是集成推广一批技术模式。因地制宜集成推广适合不同作物的病虫害绿色防控技术模式，解决技术不配套、不规范的问题，加快绿色防控技术推广应用。二是建设一批绿色防控示范区。重点选择大中城市蔬菜基地、南菜北运蔬菜基地、北方设施蔬菜基地、园艺作物标准园、“三品一标”农产品生产基地，建设一批绿色防控示范区，帮助农业企业、农民合作社提升农产品质量、创响品牌，实现优质优价，带动大面积推广应用。三是培养一批技术骨干。以农业企业、农民合作社、基层植保机构为重点，培养一批技术骨干，带动农民科学应用绿色防控技术。此外，大力开展清洁化生产，推进农药包装废弃物回收利用，减轻农药面源污染、净化乡村环境。

（四）推进统防统治

以扩大服务范围、提高服务质量为重点，大力推进病虫害专业化统防统治。一是提升装备水平。发挥农作物重大病虫害统防统治补助、农机购置补贴及植保工程建设投资的引导作用，装备现代植保机械，扶持发展一批装备精良、服务高效、规模适度的病虫防治专业化服务组织。二是提升技术水平。推进专业化统防统治与绿色防控融合，集成示范综合配套的技术服务模式，逐步实现农作物病虫害全程绿色防控的规模化实施、规范化作业。三是提升服务水平。加强对防治组织的指导服务，及时提供病虫测报信息与防治技术。引导防治组织加强内部管理，规范服务行为。

五、保障措施

（一）强化组织领导

农业部成立由部领导任组长的农药使用量零增长行动协调指导组，部内有关司局和单位负责同志为成员，种植业管理司负责具体工作。各省成立由农业厅（委、局）主要负责同志任组长的推进落实领导小组，加强协调指导，推进各项措施落实。

（二）上下联动推进

结合实施绩效考核，建立上下联动、多方协作的工作机制，强化责任、加强督查。重点实施区域建立协作机制，相互交流、共同促进。充分发挥教学科研机构和行业协会技术和信息优势，鼓励开展技术推广、政策宣传、技术培训、服务指导等工作。

（三）强化政策扶持

加强与发展改革、财政等部门的沟通协调，落实植物保护工程建设项目，建设覆盖重点区域、重点作物的病虫监测网络。将航空植保机械纳入农机购置补贴范围，提高大中型植保机械购置补贴标准。加大重大病虫统防统治、低毒生物农药使用、防治组织植保机械和操作人员保险费用的补贴力度，启动实施绿色防控示范项目。

（四）发挥专家作用

成立农药使用量零增长行动专家指导组，提出具体的技术方案，开展技术指导服务，把各项关键技术落实到位。结合实施新型职业农民培训工程、农村实用人才带头人素质提升计划，重点培养种粮大户、病虫防治专业化服务组织技术骨干，提高科学用药水平。落实好化肥农药减施综合技术研发重大专项。

（五）加强法制保障

制修订《农药管理条例》和《农作物病虫害防治条例》，推进依法植保。强化农药市场监管，打击制售假劣农药行为，维护农民利益。

（六）强化宣传引导

充分利用广播、电视、报刊、互联网等媒体，大力宣传绿色防控技术和科学用药知识，增强农民安全用药意识，营造良好社会氛围。

第十二章 常用绿色杀虫剂简介

一、有机磷类

1. 敌敌畏（Dichlorvos）

分子式$C_4H_7Cl_2O_4P$

分子量220.98

又称为DDV，是一种高效、速效、广谱的有机磷杀虫剂，有强烈的触杀，熏蒸，胃毒作用，杀虫速度快，药效期短，残毒小。由于蒸气压较高，对咀嚼口器害虫（如蚜虫、红蜘蛛等）和刺吸口器害虫（如菜青虫、黄条跳甲等）均有良好的防治效果。主要用于防治农林、园艺害虫，粮仓害虫，卫生害虫，如：蚊、蝇、咀、孑孓、臭虫、蟑螂、黑尾叶蝉、黏虫、蚜虫、红蜘蛛、水稻浮尘子、食心虫、梨星毛虫、桑蟥、桑粉虱、桑尺蠖、茶蚕、茶毛虫、马尾松毛虫、柳青蛾、青虫、黄条跳甲、菜螟、造桥虫、斜纹夜蛾、苹果巢蛾、棉蚜、甜菜叶跳虫、樱桃实蝇等，也适用于防治棉花、果树、蔬菜、烟、甘蔗等作物上的多种害虫、草坪上的多种害虫、卫生害虫以及熏蒸防治草坪种子贮藏期害虫。但对瓜类、豆类、柳树、玉米、高粱、月季花易产生药害，浓度高时，对樱花、梅花也易产生药害。油剂不可在高粱、大豆、瓜类作物上喷雾使用。可用作家庭和公共场所的熏蒸剂，家庭使用时，每标准间每次折用药量不得超过2ml。值得注意的是，敌敌畏杀虫作用的大小与气温高低有直接关系，气温越高，杀虫效力越强。

（1）剂型。50%乳油、80%乳油。

（2）使用方法。

● 亩[①]用80%乳剂100～120ml，对水1 000～1 500倍液喷雾，可以防治蚜虫、螟虫、稻苞虫、飞虱、菜青虫、红铃虫等害虫。

● 亩用80%乳剂150ml，拌细土20kg，拌成毒土，可以防治稻飞虱。施毒前稻田要排干水。

● 亩用80%乳剂80～100ml，加细沙土或糠壳10kg，在棉铃虫弱化高峰期，在16：00左右施入棉行间（棉田要封行），每隔3天施一次，共施3次，对成虫的熏杀效果较好。

● 80%乳油对水800～1 500倍液喷雾，可防治植物上的多种咀嚼式口器害虫，如水稻叶蝉、飞虱、黄曲条跳甲、茶毛虫、豆天蛾、苹果卷叶虫、桃小食心虫、烟青虫、甘蔗绵蚜等。

● 50%乳油1 000倍液或80%乳油1 500倍液喷雾防治白粉虱、叶螨、绿盲蝽、蚜虫、蚧虫、石榴夜蛾等害虫。

● 80%乳油1 000倍液喷洒，施药后密闭2～3天，可空仓防治米象、谷盗、麦蛾等害虫。

（3）注意事项。

● 敌敌畏乳油易挥发，取药后须将瓶盖盖好。

● 在碱性溶液中易水解，因此勿与碱性药剂混用。需与氧化剂、碱类、食用化学品分开存放，切忌混储。

● 敌敌畏对铁和软钢有腐蚀性，不宜用铁桶盛放，但对不锈钢、铝、镍、Hastelloy13和Teflon无腐蚀性。

● 本品可通过呼吸道、食道或皮肤吸收，抑制体内胆碱酯酶，造成神经生理功能紊乱。使用时应佩戴自吸过滤式防毒面具（全面罩），穿胶布防毒衣，戴橡胶手套。密闭操作，提供充分的局部排风。

---

① 1亩≈667m^2，全书同

● 远离火种、热源，严禁吸烟。

● 搬运时要轻装轻卸，防止包装及容器损坏。倒空的容器可能残留有害物，不宜随意丢弃。

2. 辛硫磷（Phoxim）

分子式$C_{12}H_{15}N_2O_3PS$

分子量298.29

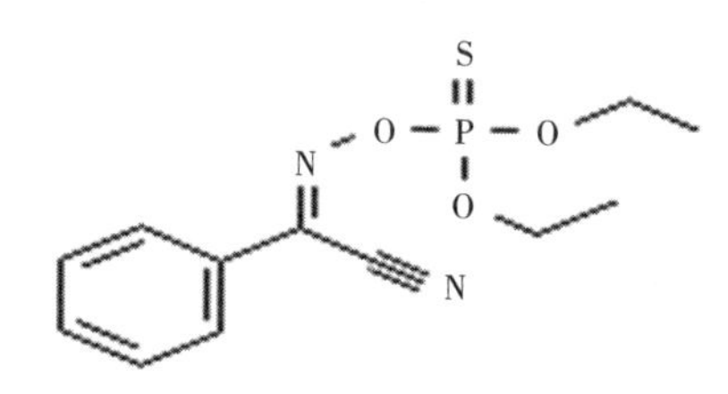

又称为腈肟磷、倍腈松、肟硫磷，是高效、低毒、低残留的广谱有机磷杀虫剂，具有强烈的触杀作用和胃毒作用，无内吸作用。主要用于防治地下害虫、果树、蔬菜、桑树、茶叶等害虫、蚊蝇等卫生害虫及仓储害虫，对为害花生、小麦、棉花等作物的枣黏虫、鳞翅目害虫有特效，对龟蜡蚧、蛴螬、蝼蛄和金针虫、果蝇及仓库害虫有良效。也可防治棉蚜、棉铃虫、小麦蚜虫、菜青虫、蓟马、黏虫、稻苞虫、稻纵卷叶螟、叶蝉、飞虱、松毛虫、玉米螟等。对虫卵也有一定的杀伤作用。但对蜜蜂有触杀和熏蒸作用，在高粱、大豆、瓜类上禁用，在水稻、玉米上慎用。

（1）剂型。40%乳油、50%乳油、2.5%微粒剂。

（2）使用方法。

● 用40%或50%乳油对水1 200 ~ 2 000倍液，叶面喷雾防治各种害虫。

● 防治地下害虫采用土壤或种子处理，用种子量的1% ~ 2%（有效成分）拌种，拌后放2 ~ 3小时即可播种。

● 土壤处理：每公顷用2.5%微粒剂1.5 ~ 1.8kg。

● 防治其他害虫用50%乳油对水1 000～1 500倍液喷雾，宜傍晚或夜间施药。

（3）其他具体防治方法

登记作物	使用方法	防治对象	制剂用药量	
茶树	喷雾	食叶害虫	200～400mg/kg	1 000～2 000倍液
果树		螨、食心虫、蚜虫	200～400mg/kg	1 000～2 000倍液
林木		食叶害虫	7 500～150 000ml/hm^2	500～1 000ml/亩
棉花		棉铃虫、蚜虫	750～1 500ml/hm^2	50～100ml/亩
蔬菜		菜青虫	750～1 125ml/hm^2	50～75ml/亩
烟草		食叶害虫	750～1 500ml/hm^2	50～100ml/亩

（4）注意事项。

● 本品属淡黄色油状液体，在中、酸性介质中稳定，遇碱易分解，勿与碱性农药混合。

● 本品遇光易分解，药液应随用随配。宜在傍晚或无风时喷施，避免阴雨天施用。

● 对蜜蜂高毒，禁止在蜜源植物上使用。

● 甜菜对本品敏感，易产生药害，使用时须注意。

● 蔬菜菜青虫应在1～2龄低龄期用药。

● 本品在作物上使用的安全间隔期为20天。

● 使用本品应穿戴防护服和手套，避免吸入药液。施药期间不可吃东西和饮水，施药后应及时洗手和洗脸。禁止将残液倒入河流，禁止器具在河流等水体中清洗。

● 孕妇及哺乳期妇女禁止接触本品。

3. 毒死蜱（Chlorpyrifos）（禁止在蔬菜上使用）

分子式$C_9H_{11}Cl_3NO_3PS$

分子量350.58

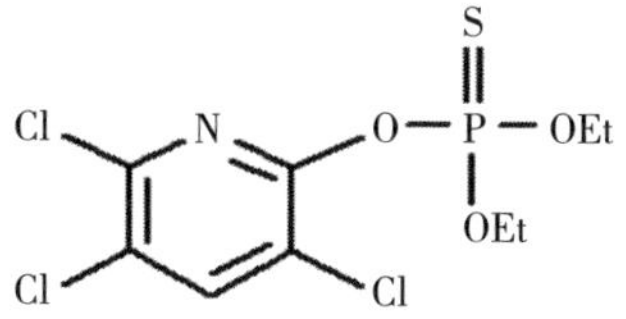

商品名称为乐斯本，其他名称又称为氯蜱硫磷，是硫代磷酸酯类的广谱有机磷杀虫剂、杀螨剂，具有胃毒、触杀、熏蒸三重作用，无内吸作用，对水稻、小麦、棉花、果树、茶树上多种咀嚼式和刺吸式口器害虫均具有较好防效，可防治多种土壤和叶面害虫，对地下害虫特效，易与土壤中的有机质结合，在土壤中的残留期较长，持效期长达30天以上，但在叶片上的残留期不长。适用于棉花、玉米、花生、果树及草坪上的害虫和螨类，也可用于防治蚊、蝇等卫生害虫和家畜的体外寄生虫。在推荐剂量下，对多数作物没有药害，与常规农药相比毒性低，对天敌安全，是替代高毒有机磷农药（如1605、甲胺磷、氧乐果等）的首选药剂和取代高毒农药3%呋喃丹颗粒剂的优良品种。但本品对烟草敏感，在蔬菜上禁用。

（1）剂型。40%乳油、40.7%乳油。

（2）使用方法。

● 防治介壳虫、蚜虫、红蜘蛛、蓟马等害虫：用40.7%毒死蜱乳油对水1 000 ~ 1 500倍液喷雾。

● 防治地下害虫：用1.2 ~ 2.8kg/hm^2（有效成分）拌毒土撒施。

● 防治褐飞虱：在5代褐飞虱卵孵化盛期或田间虫量较低的田块，用25%噻嗪酮（扑虱灵）加40%或40.7%毒死蜱乳油80 ~ 100ml/亩喷雾。施药时，田间保持2 ~ 3cm水层，对稻田密度较高、药液难以喷到水稻基部的稻田，用担架式喷雾机大容量喷雾。

● 防治稻纵卷叶螟、稻飞虱、三化螟、稻蓟马：亩用40.7%毒死蜱乳油80～120ml，用弥雾机茎叶均匀喷雾。

● 防治稻瘿蚊：亩用300～360ml，在秧叶1叶1心期及本田分蘖期喷施，也可用细沙15～20kg撒施。

● 防治柑橘潜叶蛾、红蜘蛛、茶尺蠖等害虫：用40.7%毒死蜱乳油对水1 000～2 000倍液喷雾。

● 防治苹果树绵蚜：用40.7%毒死蜱乳油对水1 500倍液于绵蚜发生期均匀喷雾。

● 防治荔枝蒂蛀虫：用40.7%毒死蜱乳油对水1 000～1 500倍液，在荔枝、龙眼采收前20天和7～10天各施药1次。

（3）各种作物收获前停止用药的安全间隔期：棉花21天，小麦10天，甘蔗7天，啤酒花21天，大豆14天，花生21天，玉米10天；柑橘树28天，每季最多使用1次；水稻15天，每季最多使用2次。

（4）与其他药剂的混用。混用相容性好，可与多种杀虫剂混用，增效作用明显。

● 与菊酯类农药混用，可防治棉花、果树等作物上的棉铃虫、食心虫、介壳虫等。

● 与阿维菌素混用，可防治水稻上的小菜蛾、菜青虫、螟虫等。

● 与辛硫磷混用，可防治棉花棉铃虫。

● 与杀虫单混用，可防治水稻螟虫。

● 与噻嗪酮、吡蚜酮混用，现混现用，可提高对褐飞虱的触杀、胃毒、熏蒸作用。

（5）注意事项。

● 本品应贮存于阴凉、干燥、通风的仓库中，勿与碱性农药混用；勿与食品、种子、饲料等同贮同运；运输时要防潮防晒；装卸时禁止说笑打闹，禁止吃、喝、抽烟。

● 本品对蜜蜂、鱼类等水生生物、家蚕有毒。蜜源作物花期、粮桑混栽区、水产养殖区，要谨慎用药，避免对周围蜂群的影响以及稻田用药污染桑叶或导致蚕类、鱼类中毒。可能对水体环境产生长期不良影响，该物质及其容器须作为危险性废料处置，禁止在河塘等水体中清洗施药器具。

● 应与不同作用机制杀虫剂轮换使用以延缓抗药性的产生。在棉花上最高用药量每次1.8L/hm^2，最高残留限量（MRL）棉籽中为0.05mg/kg；最高残留限量（MRL）甘蓝为1mg/kg。

● 施药时应穿戴防护服和手套，避免吸入药液。不慎吸入，应将病人移至空气流通处；不慎溅入眼睛或接触皮肤，应用大量清水冲洗至少15分钟。施药后，彻底清洗器械，并将包装袋深埋或焚毁，并立即用肥皂洗手和洗脸。

● 吞食有毒，应上锁保存，避免儿童及其他无关人员触及。不慎误服，应用清水将嘴清洗干净，发生中毒时不能自行引吐，应携标签立即送医诊治，可注射阿托品或解磷啶作解毒剂，并注意迟发性神经毒性问题。

4. 马拉硫磷（Malathion）

分子式$C_{10}H_{19}O_6PS_2$

分子量330.358

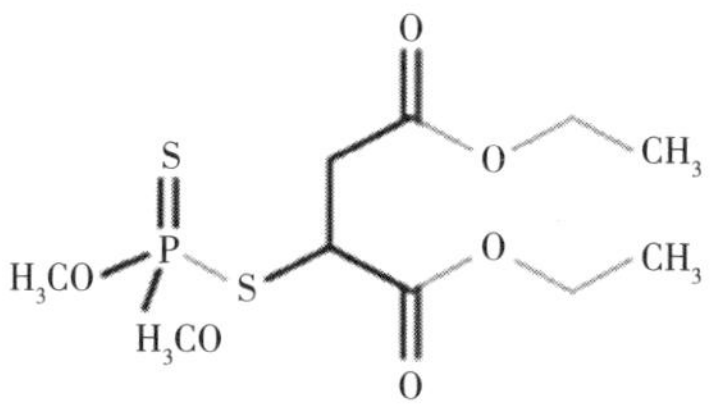

又称为马拉松，纯品为无色或淡黄色油状液体，工业品带深褐色，有强烈的蒜臭味。马拉硫磷具有良好的触杀、胃毒和微弱的熏蒸作用，无内吸作用。进入虫体后氧化成马拉氧磷，从而更能发挥毒杀作用，而进入温血动物时，则易被在昆虫体内所没有的羧酸酯酶水解而失去毒性。马拉硫磷毒性低，残效期短，对刺吸式口器和咀嚼式口器的害虫都有效，可用于防治水稻、麦类、棉花、蔬菜、茶叶、果树等害虫，如蚜虫、稻飞虱、稻叶蝉、稻蓟马、苹螟、介壳虫、红蜘蛛、金甲壳、潜叶虫、叶跳虫、蔬菜黄条跳、菜叶虫、棉卷叶虫、黏虫、菜螟、茶小绿叶蝉、果树食心虫、棉蚜、麦黏虫、豌豆象、大豆食心虫、巢蛾、茶树上的多种蚧类等，还可用于防治草坪、牧草、花卉、观赏植物等上的咀嚼式口器和刺吸式口器害虫，也可用于蚊、蝇、臭虫等家庭卫生害虫、粮仓害虫以及体外寄生虫如体虱、头虱等。但由于马拉硫磷杀伤力强、作用迅速而长期使用，不少害虫已产生抗性。应与不同作用机制杀虫剂轮换使用。

（1）剂型。45%马拉硫磷乳油、25%马拉硫磷油剂、70%优质马拉硫磷乳油（防虫磷）、1.2%马拉硫磷粉剂、1.8%马拉硫磷粉剂。

（2）使用方法。

● 蔬菜害虫的防治：防治菜青虫、菜蚜、黄条跳甲等，用45%乳油对水1 000倍液喷雾。

● 豆类作物害虫的防治：防治大豆食心虫、大豆造桥虫、豌豆象、豌豆和管蚜、黄条跳甲，用45%乳油对水1 000倍液喷雾，每亩喷液量75～100kg。

● 果树害虫的防治：防治果树上各种刺蛾、巢蛾、粉介壳虫、蚜虫，用45%乳油对水1 500倍液喷雾。

● 水稻害虫的防治：防治稻叶蝉、稻飞虱，用45%乳油对水1 000倍液喷雾，每亩喷液量75～100kg。

● 茶树害虫的防治：防治茶象甲、长白蚧、龟甲蚧、茶绵蚧等，用45%乳油对水500～800倍液喷雾。

● 棉花害虫的防治：防治棉叶跳虫、盲蝽象，用45%乳油对水1 500倍液喷雾；防治棉蚜、棉蓟马，可用45%马拉硫磷乳油对水2 000倍喷雾；防治棉红蜘蛛、棉椿象等，可用45%马拉硫磷乳油对水1 000倍喷雾。

● 麦类作物害虫的防治：防治黏虫、蚜虫、麦叶蜂，用45%乳油对水1 000倍液喷雾。

● 林木害虫的防治：防治尺蠖、松毛虫、杨毒蛾等，每亩用25%

油剂150～200ml，超低容量喷雾。

● 卫生害虫的防治：防治苍蝇，用45%乳油对水250倍液按100～200ml/m^2用药；臭虫用45%乳油对水160倍液按100～150ml/m^2用药。蟑螂用45%乳油对水250倍液按50ml/m^2用药。

（3）注意事项。

● 本品易燃，贮存及运输过程中应注意防火，远离火源。

● pH值为5.0以下有活性，pH值为7.0以上易水解失效，pH值为12以上迅速分解，遇铁、铝、金属时也能促其分解。对光稳定，但对热稳定性稍差。常温加热会发生异构化作用，150℃加热24小时90%转化为甲硫基异构体。

● 对蜜蜂高毒，对眼睛、皮肤有刺激性。不慎中毒时应立即送医院诊治，给病人皮下注射1～2mg阿托品，并立即催吐。上呼吸道刺激可饮少量牛奶及苏打。不慎入眼，请用大量温水冲洗。皮肤发炎时可用20%苏打水湿绷带包扎。

● 马拉硫磷与其他农药混用比单一用药的效果好，如与敌敌畏、敌百虫、苯硫磷或异稻瘟净混用，对一些害虫有明显增效作用，但同时也增加了对人、畜的毒性，因此不能随意混用。

5. 二嗪磷（Diazinon）

分子式$C_{12}H_{21}N_2O_3PS$

分子量304.35

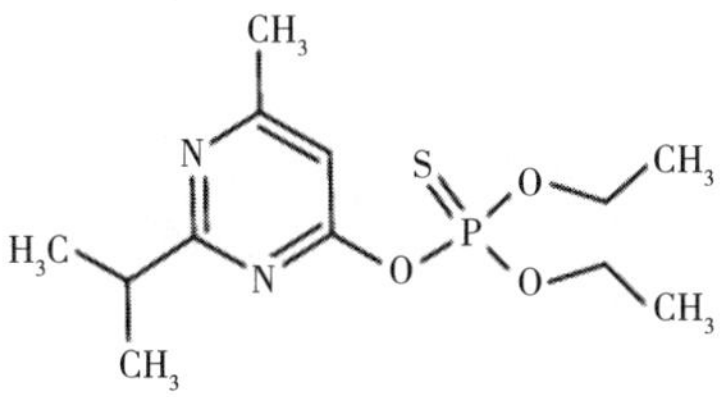

二嗪磷又称二嗪农、地亚农、大亚仙农、敌匹硫磷，纯品为无色油状液体，略带香味，是一种新型的含杂环的广谱有机磷杀虫杀螨剂，具有触杀、胃毒、熏蒸和一定的内吸和杀卵作用，渗透作用

较强，速效，叶面喷雾药效期较短，但在土壤内药效期长，可达6～8周。对鳞翅目、同翅目等多种害虫均有较好的防治效果。可防治刺吸式口器害虫和食叶害虫，如鳞翅目、双翅目幼虫、蚜虫、叶蝉、飞虱、蓟马、介壳虫、二十八星瓢虫、锯蜂及叶螨等，对虫卵、螨卵也有一定杀伤的效果。主要以乳油对水喷雾，用于水稻、棉花、果树、蔬菜、甘蔗、玉米、烟草、马铃薯、蔬菜等作物，或乳油对煤油喷雾，防治蜚蠊、跳蚤、苍蝇、蚊子、虱子等卫生害虫；可拌种防治多种作物的地下害虫，如小麦、玉米、高粱、花生等拌种，可防治蝼蛄、蛴螬等土壤害虫。也可用颗粒剂灌心叶，防治玉米螟。此外，二嗪农还可用于防治森林、温室、牧草、花卉、园艺植物、观赏植物和草坪上的食叶害虫、刺吸式口器害虫和地下害虫，一般无药害，但一些品种的苹果和莴苣较敏感。收获前禁用期一般为10天。二嗪磷对高等动物较低毒，对蚯蚓微毒，对鱼类低毒，对蜜蜂、鸭、鹅高毒。绵羊药液浸浴，可防治蝇、虱、蜱、蚤等体外寄生虫，喷洒后在皮肤、背毛上的附着力很强，可通过人体皮肤吸收。但在动物体内易于被降解与排泄。被吸收的药物在3天内从尿中排出体外。除猫、禽和蜜蜂外，二嗪磷可用于驱杀所有在家畜体表寄生的疥螨、痒螨、蜱、虱以及蝇类和蟑螂等家庭害虫。

（1）剂型。25%、40%、50%、60%乳油，2%粉剂、40%可湿性粉剂，5%、10%颗粒剂。

（2）使用方法。

①棉花害虫。

● 棉蚜：如棉蚜有蚜株率达30%，平均单株蚜数近10头，以及卷叶株率不超过5%时，亩用50%乳油40～60ml（有效成分20～30g），对水40～60kg喷雾。

● 棉红蜘蛛、棉蓟马：6月底前的害螨发生期要加强防治，以免棉花减产，可亩用50%乳油60～80ml（有效成分30～40g），对水50kg均匀喷雾，防效可达92%～97%。

②蔬菜害虫。

● 菜青虫：在产卵高峰期后一星期或幼虫处于2～3龄期防治。可亩用50%乳油40～50mg（有效成分20～25g），对水40～50kg均匀喷雾。

● 菜蚜：在蚜虫发生期防治，用药量及使用方法同菜青虫。

● 圆葱潜叶蝇、豆类种蝇：亩用50%乳油50～100ml（有效成分25～50g），对水50～100kg均匀喷雾。

● 葱潜叶蝇、豆类种蝇、稻瘿蚊：用50%乳油7.5～15ml/100m^2，对水7.5～15kg均匀喷雾。

③水稻害虫。

● 三化螟：防治枯心应在卵孵盛期用药，防治白穗在5%～10%破口露穗期，可亩用50%乳油50～75ml（有效成分25～37.5g），对水50～75kg喷雾。

● 二化螟：大发生年份蚁螟孵化高峰前3天用药，7～10天后再用药一次。用药量及使用方法同三化螟。

● 稻瘿蚊：防治中、晚稻秧苗田，防止将虫源带入本田。可在成虫高峰期至幼虫盛孵高峰期，亩用50%乳油50～100ml（有效成分25～50g），对水50～70kg喷雾。

● 稻飞虱、稻叶蝉、稻秆蝇：在害虫发生期，亩用50%乳油50～75ml（有效成分25～37.5g），对水50～75kg喷雾，防效可达90%～100%。

④地下害虫的防治。

● 华北蝼蛄、华北大黑金龟子：用50%乳油500ml（有效成分250g），加水25kg，拌小麦种250kg，拌玉米或高粱种300kg，拌匀闷种7小时，待种子把药液吸收，稍晾干后即可播种。

● 春播花生地蛴螬：亩用2%颗粒剂1.25kg（有效成分25g），穴施。

● 大黑蛴螬：用2%颗粒剂0.19kg/100m^{2}穴施。

● 其他地下害虫：每公顷用2%颗粒剂18.75kg（有效成分300～450g）穴施。

（3）注意事项。

● 本品可与丙酮、乙醇、二甲苯混溶，能溶于石油醚，对酸、碱不稳定，对光照稳定，易被氧化。在水或稀酸中逐渐分解，贮存中微量水分能促使其分解，变为高毒的四乙基硫代焦磷酸酯。在稀碱中稳定，在强酸或强碱中很快分解，挥发性强。

● 本品不能与碱性农药和敌稗混合使用，且使用敌稗前后两周内均不得使用本品。

● 本品应贮存在阴凉干燥处，不能用铜或铜合金罐装或塑料瓶装。

● 收获前禁用期一般为10天。

● 解毒剂有硫酸阿托品、解磷定等。

6. 杀螟硫磷（Sumithion; Fenitrothion）

分子式$C_9H_{12}NO_5PS$

分子量277.234

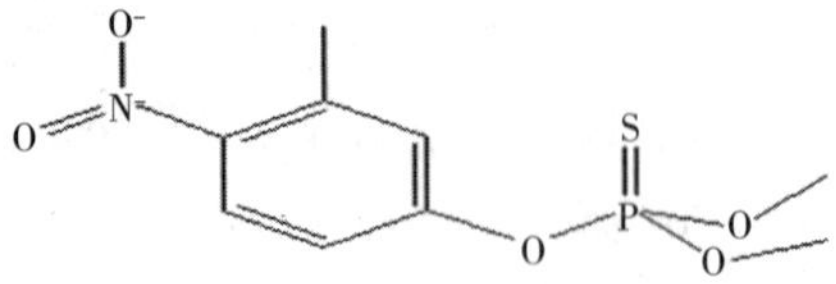

O⁻ N O O S P O O

杀螟硫磷（杀螟松）又名杀螟松；（诺毕）速灭松；杀螟磷；为磷酸酯类有机磷杀虫、杀螨剂（但对螨卵药效差）。药效和对硫磷相近，毒性中等，但对人、畜的毒性，大约仅为对硫磷的百分之一，具有触杀和胃毒作用，无内吸和熏蒸作用，残效期中等，杀虫范围广，对刺吸口器、咀嚼口器和蛀食性害虫都有较强的触杀和胃毒作用。可防治半翅目、鞘翅目、蓟马、蚜虫等害虫和叶螨，主要以乳油对水喷雾或粉剂喷粉，可用于水稻、大豆、棉花、蔬菜、果树、茶树、油料作物和林木，对水稻二化螟、鳞翅目幼虫有特效，对水稻叶蝉、稻飞虱、黏虫、线虫、棉红铃虫、棉蚜虫、梨小食心虫、油茶绵介壳虫、甘薯小象甲虫、松毛虫等也有良好的效果。还可防治苍蝇、蚊子、蟑螂等卫生害虫和仓库害虫。对作物一般无药害，但对高粱和十字花科蔬菜较敏感。

（1）剂型。50%乳油、2%粉剂。

（2）使用方法。

● 防治菜蚜、猿叶虫：于发生盛期亩用50%乳油50～75ml，对水50～60kg喷雾。

● 防治菜青虫、菜螟、豆荚螟、二十八星瓢虫：亩用50%乳油50～75ml（1 000～1 500倍液）对水50kg喷雾。

● 防治红蜘蛛、蓟马、潜叶蝇、棉铃虫：用50%乳油1 500～2 000倍液喷雾，或亩用2%粉剂1.5～2kg喷粉。

（3）注意事项。

● 本品在高温、碱性条件下易分解，应贮存于阴凉干燥处，勿与碱性农药混用，如确需混用时，应随配随用。一般配成粉剂和乳剂。稀释后不可放置过久，以免影响药效。

● 对光稳定，在中性及酸性条件下较稳定，难溶于水。铜、铁、铝等金属会促进其分解。可在玻璃瓶中贮存较长时间。

● 对十字花科蔬菜如白菜、萝卜等易发生药害，使用时浓度不能偏高。收获前10天停止使用。

● 对人、畜低毒，正常使用浓度下对作物安全。对蜜蜂和水生生物高毒，蜜源花期及水产养殖区不宜使用。

● 本品对水体环境产生长期不良影响。禁止将残液倒入河流，禁止器具在河流等水体中清洗。

7. 倍硫磷（Fenthion）

分子式$C_{10}H_{15}O_3PS_2$

分子量278.20

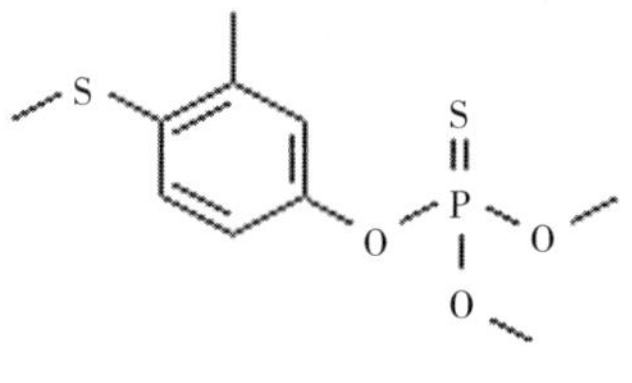

S　S　P　O　O　O

中文别名：百治屠。倍硫磷纯品为无色无臭油状液体、工业品为棕黄色油状液体，略带有特殊气味的物质。倍硫磷是对人、畜中等毒的广谱、速效有机磷杀虫剂和杀螨剂，对多种害虫有效，主要起触杀、胃毒和内吸作用，渗透性较强，残效期长，主要用于防治大豆食心虫、棉花害虫、果树害虫、蔬菜和水稻害虫，用于防治蚊、蝇、臭虫、虱子、蟑螂也有良好效果。可用于水稻、棉花、果树、大豆等作物防治二化螟、三化螟、稻叶蝉、稻苞虫、稻纵卷叶虫、棉红铃虫、棉铃虫、棉蚜、菜青虫、菜蚜、果树食心虫、介壳虫、柑橘锈壁虱、网蝽象、茶毒蛾、茶小绿叶蝉、大豆食心虫及卫生害虫。

（1）剂型。5%颗粒剂、50%乳油、3%粉剂、50%卫生杀虫剂。

（2）使用方法。

● 水稻害虫：防治二化螟、三化螟，亩用50%乳油75～150ml加细土75～150kg制成毒土撒施或对水50～100kg喷雾。稻叶蝉、稻飞虱可用相同剂量喷雾进行防治。

● 棉花害虫：防治棉铃虫、红铃虫，亩用50%乳油50～100ml，对水75～100kg喷雾。此剂量可兼治棉蚜、棉红蜘蛛。

● 蔬菜害虫：防治菜青虫、菜蚜，亩用50%乳油50ml，对水30～50kg喷雾。

● 果树害虫：防治桃小食心虫，用50%乳油1 000～2 000倍液喷雾；防治柑橘锈壁虱，用50%乳油1 000倍液喷雾。

● 大豆害虫：防治大豆食心虫、大豆卷叶螟，亩用50%乳油50～150ml，对水30～50kg喷雾。

● 臭虫：防治臭虫，用50%卫生杀虫剂按1∶（80～100）倍稀释，采用滞留喷洒或用旧毛笔，毛刷蘸取药液或粉剂，将床板、床架进行全面打湿打透，搬至太阳下暴晒几小时，并对其他滋生场所如柜子、柜底、墙脚、缝隙等也进行药物处理。

（3）注意事项。

● 勿与碱性物质混用。本品应密封于阴凉处保存。

● 本品在水中的溶解度小，不会造成地下水的污染。易溶于醇、苯等大多数有机溶剂及脂肪油中。对光和碱稳定，加热至210℃不易分解。

● 遇明火、高热可燃。受热分解可放出硫、磷的氧化物等毒性气体，其燃烧（分解）产物有：一氧化碳、二氧化碳、硫化氢、氧化磷、氧化硫等。

● 对十字花科蔬菜的幼苗及梨、桃、高粱、啤酒花等易产生药害。果树收获前14天、蔬菜收获前10天禁止使用。

● 对水生生物有极高毒性，可能对水体环境产生长期不良影响。对鱼、蜜蜂、寄生蜂、草岭（蚜狮）等益虫高毒。

● 可经呼吸道、消化道及皮肤吸收。操作时需佩戴防毒口罩，穿聚乙烯薄膜防毒服，戴防护手套；特殊情况下，戴防护眼镜。不慎皮肤接触中毒可用清水或碱性溶液冲洗，忌用高锰酸钾溶液；入眼应立即翻开上下眼睑，用流动清水冲洗15分钟并及时就医。不慎误服，可用硫酸阿托品解毒，但服用阿托品不宜太快、太早，维持时间一般应为3～5天。

8. 二嗪农（Dithianon）

分子式$C_{14}H_4N_2O_2S_2$

分子量296.3238

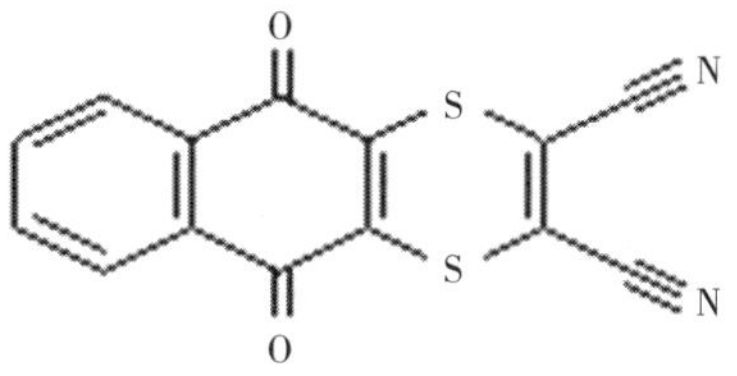

O S N S N O

二嗪农是新型的有机磷广谱杀虫、杀螨剂，具有触杀、胃毒、熏蒸和一定的内吸作用，也有较好的杀螨与杀卵作用。对鳞翅目、同翅目等多种害虫均有较好的防治效果，对各种螨类、蝇、虱、蜱均有良好杀灭效果，喷洒后在皮肤、被毛上的附着力很强，能维持长期的杀虫作用，一次用药的有效期可达6～8周。还可用于驱杀家畜体表寄生的疥螨、痒螨及蜱、虱等。

（1）剂型。25%水剂、50%乳油、75%可湿性粉剂。

（2）使用方法。

● 防治水稻螟虫、稻叶蝉：用50%乳油15～30g/100m^2，对水7.5kg喷雾，防效90%～100%。

● 防治棉蚜、棉红蜘蛛、棉蓟马、棉叶蝉：用50%乳油7.5～12ml/100m^2，对水均匀喷雾，防效92%～97%。

● 防治华北蝼蛄、华北大金龟子地下害虫：用50%乳油75ml，对水3.75kg，拌种45kg，推闷7小时即可播种，或拌小麦种37kg，待种子把药液吸收，稍晾干后即可播种。

● 防治菜青虫、菜蚜：用50%乳油6～7.5ml/100m^2，对水6～7.5kg均匀喷雾。

● 防治葱潜叶蝇、豆类种蝇、稻瘿蚊：用50%乳油7.5～15ml/100m^2，对水7.5～15kg均匀喷雾。防治大黑蛴螬，用2%颗粒剂0.19kg/100m^{2}穴施。

（3）注意事项。

● 二嗪农虽属中等毒性，但对禽、猫、蜜蜂、水生生物较敏感，毒性较大，对环境有为害，对水体可造成污染。该物质及其容器须避免随意丢弃。

● 对人体有害。遇明火、高热可燃。遇热能分解出非常有毒的一氧化碳、二氧化碳、氮氧化物、氧化硫、硫化物。

● 可经呼吸道、消化道及皮肤吸收。操作时佩戴防毒口罩，穿聚乙烯薄膜防毒服，戴防护手套；特殊情况下，戴防护眼镜。如溅到皮肤，应用肥皂水及清水彻底冲洗。就医。不慎入眼应立即翻开上下眼睑，用流动清水冲洗15分钟，就医。不慎误服，饮适量温水，催吐，就医。可用硫酸阿托品，但服用阿托品不宜太快、太早，维持时间一般应3～5天。吸入中毒者应脱离现场至空气新鲜处，就医。

● 操作注意事项：密闭操作，全面通风。建议操作人员佩戴自吸过滤式防尘口罩，戴化学安全防护眼镜，穿透气型防毒服，戴防化学品手套。

● 储存注意事项：储存于阴凉、通风的库房。远离火种、热源。防止阳光直射。包装密封。应与氧化剂分开存放，切忌混储。

9. 双硫磷（Temephos）

分子式$C_{16}H_{20}O_6P_2S_3$

分子量466.5

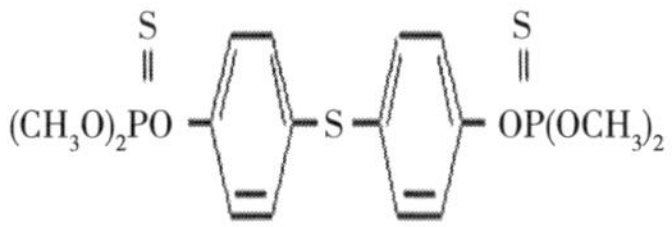

S　　　　　　S

$(CH_3O)_2PO$ — S — $OP(OCH_3)_2$

双硫磷具有强烈的触杀作用，无内吸作用，稳定性好，具有高度选择性，适用于歼灭水塘、下水道、污水沟中的蚊蚋幼虫。对蚊和蚊幼虫特效，残效期持久，为低毒农药品种。当水中药的浓度为1mg/kg时，37天后仍能在12小时后把蚊幼虫100%的杀死。可用于公共卫生，防治孑孓、摇蚊、蛾和毛蠓科幼虫；还可用于防除和控制库蚊、伊蚊、摇蚊、蠓等传病性害虫的幼虫，从而有效预防由以上害虫传播的人类各种疾病，如黄热病、登革热、大脑炎、丝虫病、龙线虫病及其他各种虫媒病毒引发的疾病。也能防治人体上的虱子，狗和猫身上的跳蚤。还能防治水稻、棉花、玉米、花生等作物上的多种害虫，如黏虫、棉铃虫、稻纵卷叶螟、卷叶蛾、地老虎、小造桥虫、蓟马和牧草上的盲蝽属害虫等。

（1）剂型。10%和50%乳油；50%可湿性粉矾；1%、2%、5%颗粒剂；2%粉剂。

（2）使用方法。

● 防治地老虎、柑橘蓟马、牧草盲蝽：亩用5%颗粒剂1 ~ 1.5kg。

● 防治黏虫、棉铃虫、卷叶虫、稻纵卷叶螟、小地老虎、小造桥虫等害虫：用50%乳油对水1 000倍液喷雾效果良好。

● 防治死水、浅湖、林区、池塘中的蚊类：用1%颗粒剂7.5 ~ 15kg/hm^2或2%颗粒剂3.75 ~ 7.8kg/hm^2或5%颗粒剂15kg/hm^2；含有机物多的水中，用1%颗粒剂15 ~ 30kg/hm^2或2%颗粒剂15kg/hm^2或5%颗粒剂7.8kg/hm^2，可防治沼泽地、湖水区有机物较多的水源中或潮湿地上的蚊类；用2%颗粒剂37.5kg/hm^{2}或5%颗粒剂15kg/hm^2，可防治污染严重的水源中的蚊类；用50%乳油45～75g/hm^2，加水均匀的喷洒，可防治孑孓，但对有机磷抗性强的地区，应用较高的剂量，必要时重复喷洒。

（3）注意事项。

● 不溶于水，可溶于乙腈、四氯化碳、乙醚、二氯乙烷、甲苯、丙酮等有机溶剂中。

● 在pH值5～7范围内稳定性好，但在强酸性或强碱性中能加速水解，水解速度取决于温度的高低及酸碱度的大小。49℃以上不能贮存。

● 储存于遮光，阴凉，干燥处。

● 对鸟类、蟹、蜗牛和虾有毒，养殖区禁用。

● 对蜜蜂有毒，果树开花期禁用。使用时避免接触蜜蜂。

● 低毒农药，对眼睛和皮肤无刺激。操作时采取一般防护即可。

● 施药要均匀，必要时需补充施药。

● 为达到最佳的防治目的，应在幼虫早期阶段施药。

10. 乙硫磷（Ethion）

分子式$C_9H_{22}O_4P_2S_4$

分子量384.4761

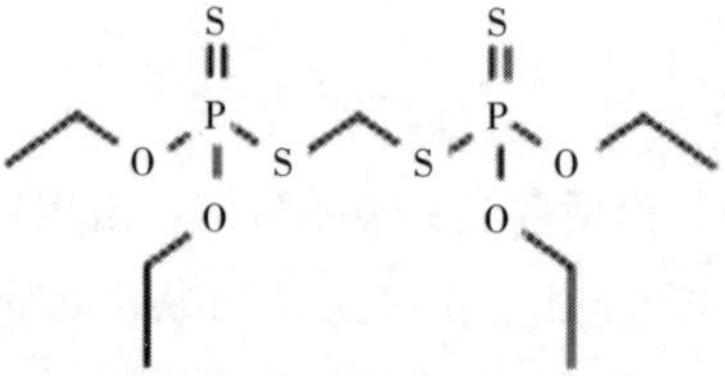

乙硫磷属非内吸性有机磷杀虫、杀螨剂，具有较强的触杀作用及一定的杀螨卵作用，能有效防治棉花、水稻、玉米、果树、花卉等作物上的叶蝉、飞虱、蓟马等多种害虫、棉花红蜘蛛的幼虫及卵，柑橘红蜘蛛、锈壁虱的成、幼虫及卵等。还可用于防治棉花象鼻虫、棉花

蚜虫及水稻、果树、小麦、豆科、饲料作用等作物上的害虫和害螨，也可用于拌种，防治蛴螬、蝼蛄等地下害虫。

（1）剂型。50%乳油。

（2）使用方法。

● 防治棉红蜘蛛：在成、若螨发生期或螨卵盛孵期施药，用50%乳油对水1 500～2 000倍液喷雾，同时可防治叶蝉、盲蝽等害虫。

● 防治棉蚜、红蜘蛛等害虫：用50%乳油对水1 000～1 500倍液喷雾。

● 防治水稻飞虱、稻蓟马等害虫：用50%乳油对水2 000～2 500倍液喷雾。

● 蔬菜、茶树上禁用，食用作物在采收前30～60天禁用该剂。

（3）注意事项。

● 因其易分解高温爆炸，明火可燃；受热放出有毒氧化磷、氧化硫气体，应保存在通风干燥处避光和远离火源的仓库中，实行“双人收发、双人保管”制度。

● 保持容器密封。应与氧化剂、酸类、碱类、饲料、饮料、食物、食用化学品分开存放，切忌混储。

● 易溶于丙酮、甲醇、乙醇、二甲苯等多种有机溶剂，微溶于水。遇酸、碱易分解，高温下分解加速，150℃以上迅速分解可爆；在空气中会缓慢氧化；无腐蚀性。

● 浅棕色油状液体，带有大蒜味。

● 50%乙硫磷能通过食道、呼吸道和皮肤吸收引起中毒，中毒症状表现与一般有机磷杀虫剂中毒表现相似。如误服应立即催吐，口服1%～2%苏打水或清水洗胃，并立即送医，忌用高锰酸钾溶液。对鱼和蜜蜂有毒。不要吸入蒸汽。

● 避免接触眼睛。穿戴合适的防护服和手套。与皮肤接触有害。

● 对蜜蜂和水生生物极毒，可能导致对水生环境的长期不良影响，避免排放到环境中。

11. 甲基嘧啶磷（Pirimiphos-methyl）

分子式$C_{11}H_{20}N_3O_3PS$

分子量305.33400

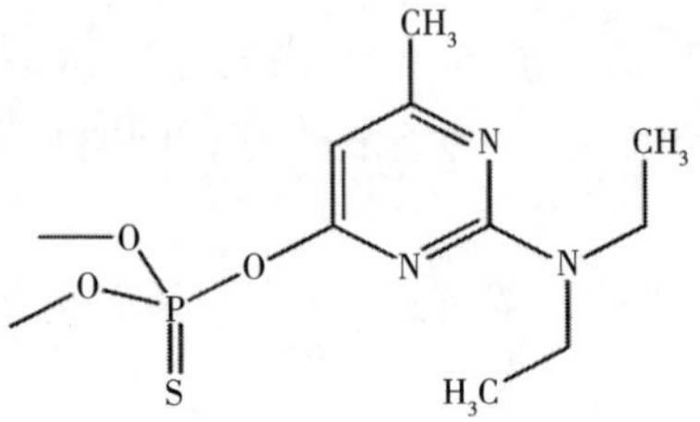

又称甲基虫螨磷，甲基嘧硫磷，安定磷，安得利，保安定，是速效、广谱的杀虫杀螨剂，渗透力强，兼有触杀、胃毒和熏蒸作用。主要用于仓贮害虫以及卫生害虫。对于储粮甲虫、象鼻虫、米象、锯谷盗、拟锯谷盗、谷蠹、粉斑螟、蛾类和螨类均有良好的药效。也可防治家庭及公共卫生害虫（蚊、蝇）及农作物等害虫的防治。如在室温30℃、相对湿度50%条件下，药效可达45～70周。东南亚地区每吨粮食施入2%粉剂200g，可保持6个月不生虫。用药剂喷雾麻袋，袋内粮食几个月内不受锯谷盗、米象、谷蠹、粉斑螟等侵害；若用浸渍法处理麻袋，则有效期更长。可作为高毒有机磷农药替代品种。

（1）剂型。90%原油、50%乳油（w/v）、20%水乳剂（EW）。

（2）使用方法。

● 防治贮粮害虫用50%乳油25 000～50 000倍液对粮袋进喷雾处理。

● 防治水稻二化螟用50%乳油80～100ml/667m^2，对水50～60L喷雾。

（3）注意事项。

● 易溶于大多数有机溶剂。可被强酸和碱水解，对光不稳定，对黄铜、不锈钢、尼龙、聚乙烯和铝无腐蚀性。

● 本品低毒，但对鸟类、鸡毒性较大，对水生生物毒性极大。若无政府许可，勿将材料排入周围环境。

● 贮存在阴凉干燥通风处，使容器保持密闭。打开了的容器必须仔细重新封口并保持竖放位置以防止泄漏。乳剂加水稀释后应一次用完，不能贮存以防药剂分解失效。建议的贮存温度为2～8℃。

● 避免接触皮肤和眼睛。不慎入眼，用大量清水冲洗眼睛作为预防措施。不慎溅到皮肤，立即用肥皂和大量的清水冲洗，就医。不慎吸入，请将患者移到新鲜空气处，如呼吸停止，进行人工呼吸，就医。误服，用水漱口。切勿给失去知觉者通过口喂任何东西，应请教医生。

12. 喹硫磷（Quinalphos）

分子式$C_{12}H_{15}N_2O_3PS$

分子量298.30

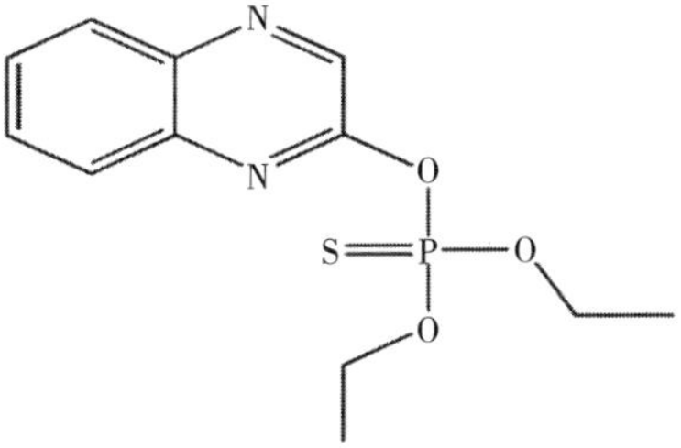

喹硫磷又称喹恶硫磷（喹恶磷）、硫代磷酸酯、爱卡士，属广谱性杀虫、杀螨剂，具有触杀、胃毒作用，无内吸和熏蒸作用。在植物上有良好的渗透性，有一定杀卵作用。在植物上降解速度快，残效期短。对稻瘿蚊有特效，对咀嚼口器、刺吸口器害虫有较好的效果，用于防治鳞翅目、红铃虫、棉铃虫、红蜘蛛及蔬菜上的菜青虫、水稻螟虫、棉花害虫、蔬菜蚜虫等。此外还可防治棉蓟马、柑橘潜叶蛾、介壳虫、小绿叶蝉、茶尺蠖等。

（1）剂型。25%乳油、5%颗粒剂。

（2）使用方法。

①防治水稻害虫。

● 防治稻纵卷叶螟、稻蓟马：用25%乳油22.5～30ml/100m^{2}对水

7.5～9kg喷雾。

● 防治二化螟、三化螟：亩用25%乳油100～130ml，对水75kg喷雾；或用5%颗粒剂亩用1～1.5kg，均匀喷撒。此剂量还可用于防治稻飞虱及叶蝉、稻蓟马、稻纵卷叶螟等。

● 在中晚稻秧田成虫盛发期内开始施药，每隔7～10天施1次，一般2次，用25%乳油22.5～30ml/100m^2，对水9～22.5kg喷雾，或用5%颗粒剂180～225g撒施，田间须保持一定量的水。

● 防治瘿蚊：喹硫磷是防治瘿蚊的特效药，亩用25%乳油150～200ml，对水60～150kg喷雾或用5%颗粒剂1.25～1.5kg撒施。

②防治棉花害虫。

● 防治棉蚜：亩用25%乳油50～60ml，对水50kg喷雾。

● 防治棉蓟马：亩用25%乳油66～100ml，对水60kg喷雾。

● 防治棉铃虫：亩用乳油133～166ml，对水75kg喷雾。

③防治果树害虫。

● 防治柑橘害虫：柑橘潜叶蛾用25%乳油600～750倍液防治。

● 防治橘蚜及介壳虫：用25%乳油500～750倍液防治。

④防治茶树害虫。防治小绿叶蝉、茶尺蠖，亩用25%乳油150～200ml，对水150～200L喷雾。

⑤防治蔬菜害虫。防治菜青虫、斜纹夜蛾，亩用25%乳油60～80ml，对水50～60L喷雾。

（3）注意事项。

● 易溶于甲醇、乙醇、丙酮和芳香烃，遇酸则分解，不能与碱性物质混合使用。

● 明火可燃，受热分解成有毒气体。应用棕色螺口小玻璃瓶包装，冷藏、避光、干燥条件下保存。与食品原料分开储运。

● 对鱼、水生动物和蜜蜂高毒，不要在鱼塘、河流、养蜂场等处及其周围使用。

● 对许多害虫的天敌毒力较大，施药期应避开天敌大发生期。

● 属于有毒有害物质，接触可能会导致严重的烧伤皮肤和眼睛，使用时应注意防护，避免吸入或与皮肤接触。样品开封后，应尽快恢复密封状态，在规定条件下保存。误服立即引吐、洗胃、导泻（清醒时才能引吐）必须马上就医。

13. 丙溴磷（Profenofos）

分子式$C_{11}H_{15}BrClO_3PS$

分子量373.6308

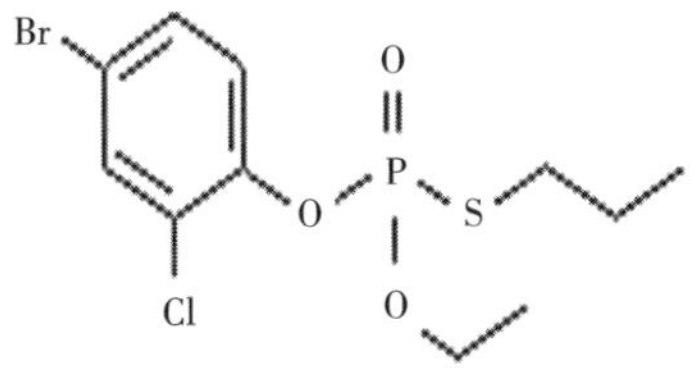

中文别名：溴氯磷、多虫磷，属内吸性广谱杀虫剂，具有触杀和胃毒作用，作用迅速，是一种硫代磷酸酯类杀虫剂，易生物降解，对抗性害虫表现出较高的生物活性，对其他有机磷、拟除虫菊酯产生抗性的棉花害虫仍有效，是防治抗性棉铃虫的有效药剂，能防治棉铃虫、蚜虫、红铃虫、红蜘蛛、小菜蛾、甘蓝夜蛾、二化螟、三化螟、钻心虫、稻纵卷叶螟、水稻稻飞虱、韭蛆、棉花、蔬菜、果树等作物有害昆虫和螨类。对棉铃虫、苹果黄蚜等害虫均有很高的防治效果。对产生抗性的地区可用其他菊酯类或有机磷类杀虫剂混合使用会更大地发挥丙溴磷的药效。

（1）剂型。25%、44%、50%乳油、颗粒剂、40%丙溴·辛硫磷。

（2）使用方法。

- 防治棉铃虫：亩用44%乳油60～100ml，对水60～100kg喷雾。
- 防治棉蚜：亩用44%乳油30～60ml，对水30～60kg喷雾。
- 防治红铃虫：亩用44%乳油60～100ml，对水60～100kg喷雾。
- 防治韭蛆：亩用50%乳油300～500ml，对水450～800kg喷雾。
- 防治其他害虫、害螨：以有效成分计，对刺吸式害虫和螨类为16～32g/亩，对咀嚼式昆害虫为30～80g/亩，对抗性棉铃虫有特效，使用量为30～50g/亩。

（3）注意事项。

● 乳油为棕黄色均相液体，具蒜味，遇水呈乳状液，微溶于水，易溶于常用有机溶剂，中性和微酸条件下比较稳定，遇碱分解。严禁与碱性农药混合使用。

● 丙溴磷与氯氰菊酯混用增效明显。

● 建议与其他作用机制不同的杀虫剂轮换使用，以延缓抗性产生。

● 安全间隔期为14天，在棉花上的安全间隔期为5～12天，每季节最多使用3次。

● 果园中不宜用丙溴磷，高温对桃树有药害。

● 该药对苜蓿和高粱有药害，不宜使用。

● 丙溴磷对蜜蜂、鱼类等水生生物、家蚕有毒，施药期间应避免对周围蜂群的影响、蜜源作物花期、蚕室和桑园附近禁用。远离水产养殖区施药。用过的容器应妥善处理，不可做他用，也不可随意丢弃。禁止在河塘等水体中清洗施药器具。

● 使用丙溴磷时应穿戴防护服和手套，避免吸入药液。施药期间不可吃东西和饮水。施药后应及时洗手和洗脸。中毒者送医院治疗，治疗药剂为阿托品或解磷定。

● 避免孕妇及哺乳期妇女接触。

二、氨基甲酸酯类

1. 硫双威（Thiodicarb）

分子式$C_{10}H_{18}N_4O_4S_3$

分子量354.5

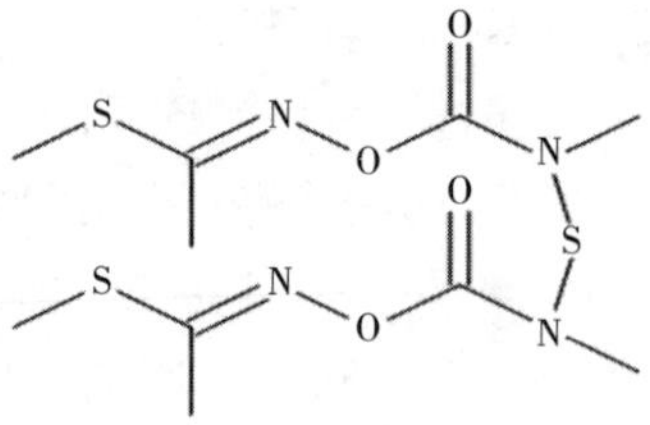

硫双威，新一代双氨基甲酸酯类杀虫剂，属氨基甲酰肟类杀虫剂，具有一定的触杀作用和胃毒作用，无熏蒸和内

吸作用，多用以茎叶喷雾和种子处理，既杀卵又杀幼虫和某些成虫，杀卵活性极高，有较强的选择性，对鳞翅目害虫有特效，对鳞翅目的卵和成虫也有较高的活性。对鞘翅目和双翅目害虫有效，对棉蚜、叶蝉、蓟马和螨类无效，对已产生有机磷、菊酯类抗性的棉铃虫防效突出，杀虫持效期长且在土壤中残效期很短，杀虫活性与灭多威相似，毒性较灭多威低，对作物极为安全。对蚜虫、棉铃虫等多种害虫有效，广泛用于粮食、棉花、蔬菜、烟草、果树等作物的病虫害防治，是一种广谱、速效杀虫剂，但对高粱和棉花的某些品种有轻微药害。此外，硫双威还具有以下特点。

● 持效时间长：对害虫击倒速度稍慢，一般需要施药后24～48小时才能获得较高的防治效果，但它具有优异的残效防治特性，其残效期可长达7～10天，大田甚至15～30天（减虫效果达90%以上）。

● 共毒作用佳：与合成菊酯类、有机磷及其他氨基甲酸酯类农药混用时，可发挥较佳的共毒作用。如防治蚜虫、螨虫、蓟马等吸汁害虫时可同时与其他有机磷、合成菊酯及氨基甲酸酯类农药混合使用，其防治效果更佳，但混合使用时要注意农药的理化特性。

（1）剂型。25%可湿性粉剂、75%可湿性粉剂、37.5%颗粒剂、5%硫双威颗粒剂、2%粉剂、75%悬浮剂。

（2）使用方法。

①防治水稻害虫。

防治水稻稻纵卷叶螟：用75%可湿性粉0.45～0.75kg/hm^2，对水喷雾。

防治水稻三化螟及二化螟：用75%可湿性粉0.75～0.9kg/hm^2，对水喷雾。

②防治麦类害虫。防治三麦上的黏虫、麦叶蜂等害虫，用75%可湿性粉0.3～0.6kg/hm^2，对水喷雾。

③防治棉花害虫。

● 防治棉铃虫：在2、3代棉铃虫发生时，用75%可湿性粉剂0.6～1.2kg/hm^2，对水喷雾；或于卵孵盛期，亩用75%可湿性粉

50～100g，对水50～100kg喷雾；此外，若棉铃虫卵期及孵化期相对整齐，宜于棉花小苗期、卵化盛期，亩用15g即可收到良好的效果。7天后根据田间残虫确定是否需要进行二次用药；若棉铃虫发生不整齐，应根据幼虫虫口、虫龄情况，亩用20g即可。5～7天后根据田间残虫情况确定是否需要进行二次用药。在残虫虫龄偏大的情况下，需适当增加用药量，对4龄左右的大龄幼虫仍然有较高的防效。

● 防治棉花金刚钻、大卷叶蛾等：用75%可湿性粉剂0.4～0.8kg/hm^2，对水喷雾。

● 防治棉红铃虫、棉田玉米螟：用75%可湿性粉剂1.2～1.5kg/hm^2，对水喷雾；或于卵孵盛期进行防治，亩用75%可湿性粉剂50～100g，对水50～100kg喷雾；防治二代棉虫重点是发生期间保护生长点，喷雾时应注意喷头“罩顶”。三代棉铃虫发生期间，用75%硫双威可湿性粉剂防治，用量为35～45g/亩。

④防治蔬菜害虫。

● 防治十字花科蔬菜的菜青虫、菜野螟、甘蓝夜蛾及地老虎等：用75%可湿性粉剂0.38～0.75kg/hm^{2}对水喷雾。

● 防治烟青虫、小菜蛾等：用75%可湿性粉剂0.6～1.2kg/hm^2，对水喷雾。

⑤防治茶树、果树害虫。

● 防治茶小卷叶蛾：用75%可湿性粉剂0.38～0.75kg/hm^2，对水喷雾。

● 防治葡萄果蠹蛾、葡萄缀穗：用75%可湿性粉剂0.4～0.6kg/hm^2，对水喷雾。

● 防治苹果蠹蛾、梨小食心虫、苹果小卷叶蛾、果树黄卷叶蛾、柑橘凤蝶及梅象甲等：用75%可湿性粉剂1.5～3.0kg/hm^2，对水常量喷雾。

⑥防治大豆害虫。防治大豆尺蠖、银纹夜蛾、豆叶甲及豆荚夜蛾，75%可湿性粉剂0.6～1.0kg/hm^2，对水喷雾。

⑦防治草坪及观赏植物害虫。防治棉铃虫、二化螟、黏虫、卷叶

蛾、尺蠖等，有效成分0.23 ~ 1.0kg/m^{2}对水喷雾，持效期7 ~ 10天。

（3）注意事项。

● 严禁与碱性农药混用或强酸性农药混用。中性条件下稳定。酸性条件下缓慢水解，碱性条件迅速水解，遇酸、碱、金属盐、黄铜和铁锈易分解。

● 本品可与其他有机磷、菊酯类等多种农药、化肥混合使用，但硫双灭多威对蚜虫、螨类、蓟马等吸汁性害虫几乎没有杀虫效果，在防除吸汁性害虫的同时，应与其他农药混合施用。

● 本品燃烧可产生有毒氮氧化物和硫氧化物气体，应避光保存，远离火源。

● 施药时应充分考虑气象条件、施药时期等，将药液均匀地喷在作物的全体部位上。

● 对天敌无害：对各种在大田捕食的寄生性天敌几乎不产生任何影响，可作为抗性棉铃虫综合治理规划中的核心用药。

● 对环境作物无影响：在农作物和土壤内无残留、无药害，对环境无不良影响。但对蜜蜂和鱼类轻微有毒。若直接喷到蜜蜂上有毒；但在田间喷雾，植物干后对蜜蜂无危险。

● 对人无刺激：本品属低毒农药，对植物无害，对人的眼睛有轻微刺激作用、皮肤无刺激性，对高等动物的经口毒性较低，吸入毒性为低毒。如误服，应立即喝食盐水和肥皂水后吐出，待吐液变为透明为止，并及时就医，可用阿托品治疗，不可用解磷定及吗啡进行治疗。

2. 抗蚜威（Pirimicarb）

分子式$C_{11}H_{18}N_4O_2$

分子量238.29

商品名称为辟蚜雾，选择性强，属氨基甲酸酯类杀蚜虫剂，具有触杀、熏蒸和渗透叶面作用，被植物根部吸收后可向上输导。

本品具有速效性，施药后数分钟即可迅速杀死蚜虫，因而对预防蚜虫传播的病毒病有较好的作用，同时可有效延长对蚜虫的控制期。抗蚜威能有效防治除棉蚜以外的所有蚜虫，对有机磷产生抗性的蚜虫亦有效。该产品残效期短，对瓢虫、食蚜蝇、蚜茧蜂等蚜虫天敌及蜜蜂没有不良影响，对作物安全，可提高蜜蜂授粉率，增加产量。适用于防治蔬菜、烟草、果树、花卉及一些观赏植物和粮食作物上的蚜虫。

（1）剂型。1.5%、50%可湿性粉剂、50%水分散粒剂、10%发烟剂、浓乳剂、气雾剂等。

（2）使用方法。

● 防治蔬菜蚜虫：亩用50%可湿性粉剂10 ~ 18g，对水30 ~ 50kg喷雾。

● 防治烟草蚜虫：亩用50%可湿性粉剂10 ~ 18g，对水30 ~ 50kg喷雾。

● 防治粮食及油料作物上的蚜虫：亩用50%可湿性粉剂6 ~ 8g，对水50 ~ 100kg喷雾。

● 防治甘蓝、白菜、豆类、麻苗上的蚜虫：用50%可湿性粉剂2 000 ~ 4 000倍液喷雾。

（3）注意事项。

● 一般贮存条件下可保存2年以上，强酸、强碱环境中煮沸水解，其水溶液在紫外光下不稳定。

● 本品必须用金属容器盛装。

● 本品的药效与温度有关，20℃以上有熏蒸作用，15℃以下以触杀作用为主，15 ~ 20℃熏蒸作用随温度上升而增加。因此，在低温时施药要均匀，最好选择无风、温暖天气，效果较好。

● 同一作物一季内最多施药3次，安全间隔期为10天。

● 对棉蚜效果差，不宜采用。

● 如不慎溅到皮肤上或眼睛内，应立即用清水冲洗，如发生中毒，应立即求医，肌注1 ~ 2mg硫酸颠茄碱。

3. 甲萘威（西维因）（Carbaryl）

分子式$C_{12}H_{11}NO_2$

分子量201.22124

又名西维因，是一种广谱高效低毒的氨基甲酸酯杀虫剂，有触杀、胃毒和微弱的内吸作用，且具有良好的残效性，进入虫体后能抑制害虫神经系统的胆碱酯酶的活性使其致死，对不易防治的咀嚼口器害虫，如棉铃虫等药效显著，对水果、蔬菜、棉花、烟草等多种经济作物和林业的多种害虫有较好的防治效果。适用于稻、棉、果林、茶、桑等作物上的螟虫、稻纵卷叶螟、稻苞虫、稻褐飞虱、叶蝉、蓟马、豆蚜、棉铃虫、红铃虫、斜纹夜蛾、棉卷叶虫、桃小食心虫、梨小食心虫、苹果刺蛾、茶小绿叶蝉、茶毛虫、桑尺蠖、大豆食心虫、潜夜蛾、松毛虫、枣龟蜡蚧若虫以及地下害虫、吸浆虫等。在苹果、梨、白菜、西红柿中的最大允许残留量为5mg/kg，在高粱、桃、杏、蔬菜中则为10mg/kg。安全间隔期10天。

（1）剂型。25%可湿性粉剂、3%粉剂、5%粉剂、3%悬浮剂。

（2）使用方法。主要以可湿性粉或悬浮剂对水喷雾。

- 防治刺蛾：25%粉剂200倍液喷雾。
- 防治桃小食心虫和梨小食心虫：25%粉剂400倍液喷雾。
- 防治梨蚜、枣尺镬：25%粉剂400 ~ 600倍液喷雾。
- 防治柑橘潜叶蛾：25%粉剂600 ~ 800倍液喷雾。
- 防治枣龟蜡蚊：50%可湿性粉剂500 ~ 800倍液喷雾。

（3）注意事项。

- 低温、避光、干燥阴凉处封闭贮存，防止日晒、雨淋，严禁与有毒、有害物品混放、混运。

● 勿与碱性农药及化肥混用。除波尔多液和石灰硫黄外，能与大多数农药混用。

● 对蜜蜂高毒，不宜在开花期或养蜂区使用。

● 西维因有疏花作用，果园或果园附近应慎用。

● 对瓜类有药害，不宜使用。

● 解毒药物为阿托品，勿使用解磷定等肟类药物，治疗时要对症处理，及时控制肺水肿。

4. 茚虫威（Indoxacarb）

分子式$C_{22}H_{17}ClF_3N_3O_7$

分子量527.83

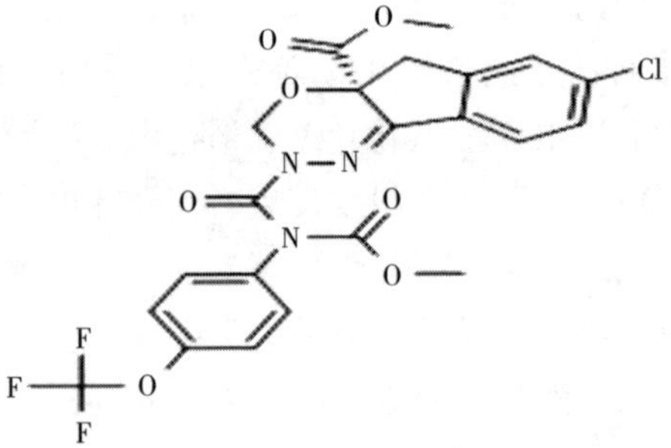

茚虫威又名宏打或全垒打，是一种广谱性高效杀虫剂，通过阻断昆虫神经细胞内的钠离子通道，使神经细胞丧失功能，0 ~ 4小时内昆虫即停止取食，随即被麻痹，昆虫的协调能力会下降（可导致幼虫从作物上落下），一般在药后24 ~ 60小时内死亡。茚虫威具有触杀和胃毒作用，对各龄期幼虫都有效，且与其他杀虫剂不存在交互抗性，对哺乳动物、家畜低毒，对环境中的非靶生物等有益昆虫非常安全，在作物中残留低，用药后第2天即可采收，尤其是对多次采收的作物如蔬菜类也很适合。可防治甘蓝、花椰类、芥蓝、番茄、辣椒、黄瓜、小胡瓜、茄子、莴苣、苹果、梨、桃、杏、棉花、马铃薯、葡萄等作物上的甜菜夜蛾、小菜蛾、菜青虫、斜纹夜蛾、甘蓝夜蛾、棉铃虫、烟青虫、烟芽夜蛾、卷叶蛾类、小菜蛾、甜菜夜蛾、粉纹夜蛾、蓝夜蛾、苹果蠹蛾等几乎所有重要农业鳞翅目害虫都有卓越的杀虫活性，对小绿叶蝉、马铃薯叶蝉、桃蚜、马铃薯甲虫等部分同翅目和鞘翅目害虫也有一定的效果。可用于害虫的综合防治和抗性治理。

（1）剂型。15%悬浮剂、30%水分散粒剂。

（2）使用方法。

● 防治小菜蛾、菜青虫：在2～3龄幼虫期，亩用30g水分散粒剂4.4～8.8g或15%悬浮剂8.8～13.3ml对水喷雾。

● 防治甜菜夜蛾：低龄幼虫期，亩用30%分散粒剂4.4～8.8g或15%安打悬浮剂8.8～17.6ml对水喷雾。

● 防治棉铃虫：亩用30%水分散粒剂6.6～8.8g或15%悬浮剂8.8～17.6ml对水喷雾。根据害虫为害的严重程度，可连续施药2～3次，每次间隔5～7天，清晨、傍晚施药效果更佳。

（3）注意事项。

● 原包装贮存于阴凉、干燥处，远离儿童、食品、饲料及火源。

● 应与不同作用机理的杀虫剂交替使用，每季作物使用次数不超过3次，以避免抗性的产生。药液配制时，应充分搅拌，配制好的药液要及时均匀喷施于叶片正反面。

● 药剂不慎接触皮肤或眼睛，应用大量清水冲洗干净，不慎误服，应立即送医院对症治疗。

● 施药时要穿戴防护用具，避免与药剂直接接触，施药后应及时清洗被污染衣物，妥善处理废弃包装物。

5. 仲丁威（巴沙）（Fenobucarb）

分子式$C_{12}H_{17}NO_2$

分子量207.3

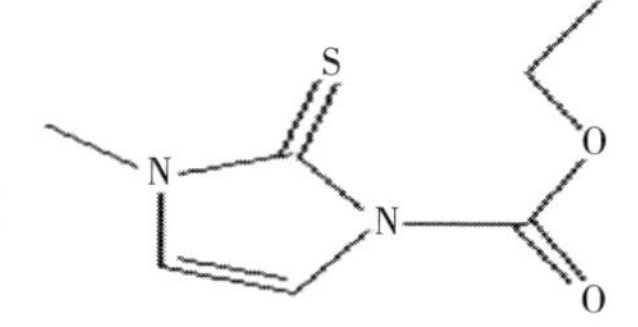

仲丁威是一种低毒氨基甲酸酯类杀虫剂，其作用机理是通过抑制昆虫体内胆碱酯酶，导致害虫死亡，具有强烈的触杀作

用，并具有一定的胃毒、熏蒸、杀卵作用。杀虫迅速，但残效期短，一般只能维持4～5天。该药对稻飞虱和黑尾叶蝉及稻蟮象有速效，亦可防治棉蚜和棉铃虫。对稻纵卷叶螟、蟮象、二化螟、稻蓟马及蚜虫也有良好的防治效果，对蚊、蝇幼虫也有一定防效。除碱性农药外，可同常用的杀虫剂、杀菌剂混用。在一般用量下，对作物无药害，对植物有输导渗透作用。

（1）剂型。50%乳油、25%乳油、2%粉剂、2.4%粉剂。

（2）使用方法。

①水稻害虫的防治。

● 防治稻飞虱、稻蓟马、稻叶蝉：亩用25%乳油100～200ml，对水100kg喷雾，亦可用混配农药，用50%乳油1 000～2 000倍液喷雾，或用2%巴沙粉剂300～375g/100m²喷粉。

● 防治三化螟、稻纵卷叶螟：亩用25%乳油200～250ml，对水100～150kg喷雾。

②卫生害虫的防治。防治蚊、蝇及蚊幼虫，用25%乳油加水稀释成1%的溶液，按每平方米1～3ml喷洒。

（3）注意事项。

● 勿与碱性农药混用。

● 本品在水稻上使用的安全间隔期为21天，每季最多使用4次。

● 本品为氨基甲酸酯类杀虫剂，应与其他作用机制不同的药剂轮换使用。

● 在稻田施药的前后10天，避免使用敌稗，以免发生药害。

● 本品对蜜蜂、鱼类等水生生物、家蚕有毒，施药时间应避免对周围蜂群的影响，蜜源作物花期、蚕室和桑园附近禁用。远离水产养殖区施药，禁止在池塘等水体中清洗施药器具。

● 使用本品时要有防护措施，如戴口罩、防护罩等。避免药液接触皮肤或溅入眼睛；施药后要及时洗手、洗脸、洗澡。遵守《农药安全使用规则》。

● 避免孕妇及哺乳期妇女接触。

- 用过的容器应妥善处理，不可做他用，也不可随意丢弃。
- 中毒后解毒药为阿托品，严禁使用解磷定和吗啡。

三、菊酯类

1. 溴氰菊酯（Deltamethrin）

分子式$C_{22}H_{19}Br_2NO_3$

分子量505.20

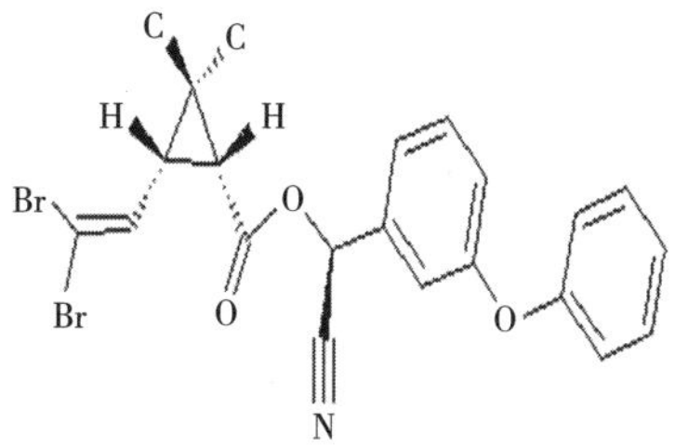

溴氰菊酯又称为敌杀死，一种杀虫活性高、杀虫谱广、药效迅速、对作物安全的拟除虫菊酯杀虫剂，其杀虫效力一般比常用杀虫剂高10～50倍，可达滴滴涕的100倍，西维因的80倍，马拉硫磷的550倍，对硫磷的40倍，且速效性好，击倒力强，是目前菊酯类杀虫剂中毒力最高的一种，属于中等毒农药。溴氰菊酯具有强触杀作用、胃毒作用，击倒快，兼有一定的驱避和拒食作用，但无内吸活性及熏蒸作用，对鳞翅目、同翅目、缨翅目昆虫效果极好，对直翅目、缨翅目、半翅目、双翅目等多种害虫有效，对鞘翅目不同种类昆虫药效差别很大，对其他拟除虫菊酯产生抗性害虫有交互抗性。但对螨类、棉铃象甲、稻飞虱及螟虫（蛀茎后）、介壳虫、盲蝽等效果差，还会刺激螨类繁殖，在虫螨并发时，要与专用杀螨剂混用。

（1）剂型。2.5%乳油（主要用于农业害虫的防治），2.5%可湿性粉剂（主要用于卫生害虫的防治），2.5%微乳剂、25%水分散片剂。

（2）使用方法。

①防治棉花害虫。

防治棉铃虫、棉红铃虫及叶跳虫：于卵孵盛期，亩用2.5%乳油24～40ml，对水50～75kg喷雾，同时还可兼治棉小造桥虫、棉盲蝽等害虫。

防治棉蚜、蓟马：于害虫发生期，亩用2.5%乳油10～20ml，对水25～50kg喷雾。

②防治蔬菜害虫。

● 防治菜青虫、小菜蛾、斜纹夜蛾：于幼虫2～3龄时，亩用2.5%乳油10～20ml，对水25～50kg喷雾，可兼治蚜虫等。

● 防治黄守瓜、黄条跳甲：于若、成虫期，亩用2.5%乳油12～24ml，对水25～50kg喷雾。

③防治果树害虫。

● 防治柑橘潜叶蛾：于新梢放梢初期施药，亩用2.5%微乳剂40～50ml喷雾。

● 防治桃小食心虫、梨小食心虫：于卵孵盛期，幼虫蛀果前施药，亩用2.5%微乳剂40～50ml喷雾。

● 防治柑橘潜叶蛾、橘蚜、卷叶蛾、柑橘木虱、梨树梨小食心虫、黑星毛虫：亩用2.5%微乳剂40～50ml喷雾。

● 防治苹果食心虫、金纹细蛾、蚜虫等害虫：用2.5%乳油1 500～3 000倍液均匀喷雾，根据害虫发生实际情况，可间隔7～10天再喷药一次。

● 防治荔枝椿象、蒂枝虫：于发生高峰期用2.5%乳油2 500～5 000倍液均匀喷雾。

④防治茶树害虫。

● 防治茶尺蠖、木撩尺蠖、茶毛虫：于幼虫2～3龄时施药，亩用2.5%微乳剂40～50ml喷雾。

● 防治茶小绿叶蝉：于若虫和成虫盛发期施药，亩用2.5%微乳剂40～50ml喷雾。

● 防治长白蚧、蛇眼蚧：于卵盛发期施药，亩用2.5%微乳剂40～50ml喷雾。

⑤防治旱粮及经济作物害虫。

● 防治黏虫：于3龄前施药，亩用2.5%乳油20～40ml对水喷雾。

● 防治蚜虫、大豆食心虫：于发生期，亩用2.5%乳油20～40ml对水喷雾。

● 防治花生、油菜蚜虫：于蚜虫发生初期，亩用2.5%乳油20～25ml对水均匀喷雾。

● 防治大豆食心虫、豆天蛾：于大豆开花结荚期或蛾卵孵化高峰期，亩用2.5%乳油20～40ml对水均匀喷雾。

● 防治糖、中药植物及草地等非果树林木类作物害虫：亩用2.5%乳油或25g/L乳油或2.5%微乳剂40～50ml，或用2.5%可湿性粉剂40～50g，或用50g/L乳油20～25ml，或用25%水分散片剂4～5g，对水30～60L喷雾。

⑥防治林木及花卉害虫。可用2.5%乳油或25g/L乳油或2.5%可湿性粉剂或2.5%微乳剂1 500～2 000倍液，或用50g/L乳油3 000～4 000倍液，或用25%水分散片剂15 000～20 000倍液，均匀喷雾。

⑦防治卫生害虫。主要用可湿性粉剂对水作滞留喷洒，或涂刷处理卫生害虫活动和栖息场所的表面，防治卫生害虫不得用乳油。防治蟑螂可配制成毒饵诱杀。

⑧防治仓库害虫。主要用乳油对水喷雾。对原粮、种子的防虫消毒，持效期一般半年左右。但严禁在商品粮仓和商品粮上使用。可对空仓、器材、运输工具、包装材料等喷雾进行防虫消毒。

（3）注意事项。

● 对光及空气较稳定，气温低时防效更好，喷药时应避开高温天气。

● 喷药要均匀周到，防治钻蛀性害虫，应掌握在幼虫蛀入果荚或茎内前及时用药防治。

● 为减缓害虫产生抗药性，可与有机磷等非菊酯类农药交替使用或混用，尽可能减少用药次数和用药量。

● 勿与碱性物质混用，以免降低药效。与非碱性农药混合时，必须现混现用。

● 对螨、蚧防效低，勿专门用作杀螨剂，不宜用于防治对农药抗性发展快的昆虫。

● 对高等动物毒性中等，对鸟类低毒，对鱼类等水生生物、蜜蜂、家蚕高毒，用药时应远离其饲养场所。

● 安全间隔期：叶菜类收获前15天禁用此药。

● 对水有微毒，严禁将未稀释或大量的产品接触地下水、水道或者污水系统，若无政府许可，勿将材料排入周围环境。

● 对皮肤无刺激作用，对眼睛有轻度刺激性。不慎溅入眼睛，应用大量清水冲洗；喷药时应佩戴防毒口罩，戴防护手套，穿相应的防护服。施药后要及时洗手、洗脸、洗澡。不慎误服，应立即催吐，用清水或2%～4%碳酸氢钠溶液彻底洗胃。严重中毒者，可肌内注射异巴比妥钠一支，不可使用阿托品。

2. 氰戊菊酯（Fenvalerate）（茶树上禁用）

分子式$C_{25}H_{22}ClNO_3$

分子量419.9001

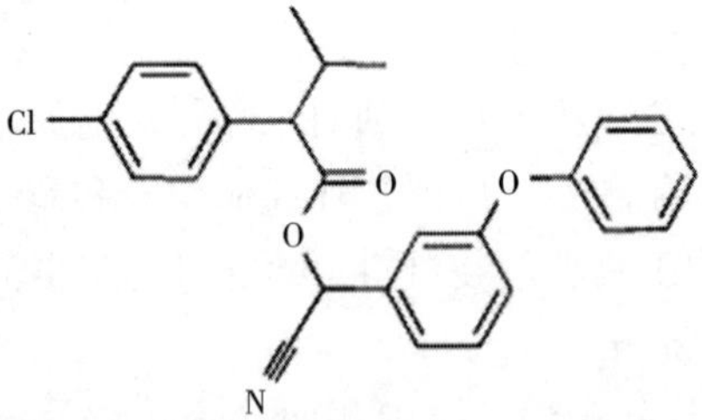

Cl O O O N

商品名称为速灭杀丁、速灭菊酯、杀灭菊酯、杀灭速丁、中西杀灭菊酯、敌虫菊酯、异戊氰酸酯、戊酸氰醚酯，是高效、广谱触杀性拟除虫菊酯类杀虫剂，击倒力强，作用迅速，以触杀为主，兼有胃毒和驱避作用，又有杀灭虫卵的作用，无内吸活性及熏蒸作用，对螨类效果差，害虫易产生耐药性，属中等毒性杀虫剂。可广泛使用于多种棉花害虫、烟草、大豆、豇豆、菜豆、玉米、果树、蔬菜、棉花、麦类、水稻、花生、十字花科蔬菜、番茄、辣椒、茄子、苹果、梨、桃、杏、李、葡萄、枣、柑橘、荔枝、香蕉、花卉、林木等多种植物；对棉铃虫、菜青虫、烟青虫、茶毛虫、豆荚螟、夜蛾类、食心虫类、潜叶蛾类、螟蛾类、毛虫类、刺蛾类、尺蠖类、造桥虫类、蚜虫类、叶蝉类、飞虱类、椿象类、蝗虫类、食叶甲虫类等多种害虫都具有很好的防治效果，也可防治大多草坪害虫、家畜、禽和仓储等方面的害虫。该药是目前养殖业中最常用的高效杀虫剂，对畜禽的多种体外寄生虫和吸血昆虫如螨、虱、蚤、蜱、蚊、蝇、虻等均有良好的杀灭效果，杀虫效力高。一般一次用药即可根除，不需重复用药。

（1）剂型。20%乳油、30%乳油。

（2）使用方法。

①棉花害虫的防治。

● 防治棉铃虫：于卵孵盛期、幼虫蛀蕾铃之前施药，亩用20%乳油25～50ml对水喷雾。

● 防治棉红铃虫：在卵孵盛期亩用20%乳油25～500ml对水喷雾，进行有效防治，可同时兼治红蜘蛛、小造桥虫、金刚钻、卷叶虫、蓟马、盲蝽等害虫。

● 防治棉蚜：可亩用20%乳油10～25ml，伏蚜则要增加用量。

②果树害虫的防治。

● 防治柑橘潜叶蛾：于各季新梢放梢初期施药，用20%乳油5 000～8 000倍液喷雾，同时兼治橘蚜、卷叶蛾、木虱等。

● 防治柑橘介壳虫：于卵孵盛期用20%乳油2 000～4 000倍液喷雾。

● 防治枣树、苹果等果树的桃小食心虫、梨小食心虫、刺蛾、卷叶虫等：于成虫产卵期间或初孵幼虫蛀果前喷施3 000倍20%氰戊菊酯乳油+1 000倍果树专用型”天达2116”，可杀灭虫卵、幼虫，防止蛀果，其残效期可维持10～15天，保果率高。

● 防治枣树、苹果等果树的食叶性害虫刺蛾类、天幕毛虫、苹果舟蛾等：于低龄幼虫盛发期喷施20%乳油2 000～5 000倍液。

③蔬菜害虫的防治。

● 防治菜青虫：于2～3龄幼虫发生期施药，亩用20%乳油10～25ml。

● 防治小菜蛾：于幼虫3龄前亩用20%乳油15～30ml进行防治。

④大豆害虫的防治。防治食心虫，于大豆开花盛期、卵孵高峰期施药，亩用20%乳油20～40ml，能有效防治豆荚被害，同时可兼治蚜虫、地老虎。

⑤小麦害虫的防治。防治麦蚜、黏虫，于麦蚜发生期、黏虫2～3龄幼虫发生期施药，用20%乳油3 000～4 000倍液喷雾。

⑥螟蛾、叶蛾等的防治。于幼虫出蛰为害初期喷布2 000～3 000倍20%氰戊菊酯乳油+1 000倍果树专用型"天达2116"液，杀虫保叶效果好，还可兼治蚜虫、木虱等。

⑦叶蝉、潜叶蛾等的防治。于成虫产卵初期喷施4 000～5 000倍20%乳油，杀虫保叶效果良好。

⑧各种畜、禽体外寄生虫病的防治。稀释后喷雾、涂擦或药浴，药液应充分湿透畜、禽的被毛、羽毛，以药液不下滴为宜。杀灭各种畜、禽体外寄生虫的安全、有效使用浓度如下：马、牛螨病200mg/L；猪、羊、犬、兔、鸡螨80～200mg/L；牛、猪、兔、犬虱50mg/L；鸡虱及刺皮螨40～50mg/L；杀灭蚤、蚊、蝇及牛虻40～80mg/L。鸡舍灭：80mg/L浓度，即2 500倍液稀释后喷雾，并密闭门窗4小时，可杀灭鸡虱、蝇、蚊、蠓、蚋及其他害虫。

（3）注意事项。

● 耐光性较强、在酸性中稳定，碱性中逐渐分解。因此，勿与碱性农药等物质混用。药剂在土壤中移动性很小，主要吸附在表土中。

● 稀释时以微温（12℃）水为宜，水温如超过50℃时，药液分解失效。

● 对蜜蜂、鱼虾、家蚕等毒性高，勿污染河流、池塘、桑园和养蜂场。

● 农业部第199号公告，明令禁止茶树上使用氰戊菊酯。

● 在害虫、害螨并发的作物上使用此药，由于对螨无效，对天敌毒性高，易造成害螨猖獗，因此要和杀螨剂混配使用。

● 本剂稀释后，其药液比较稳定，只要妥善保管，1个月内效力不变，可以继续使用。

● 对眼睛有中度刺激，不慎入眼，应立即用大量清水冲洗。如不慎溅到皮肤，应立即用肥皂清洗，如误服，可催吐、洗胃，对初期全身中毒患者，可用二苯甘醇酰脲或乙基巴比特对症治疗。

3. 甲氰菊酯（Fenpropathrin）

分子式$C_{22}H_{23}NO_3$

分子量349.43

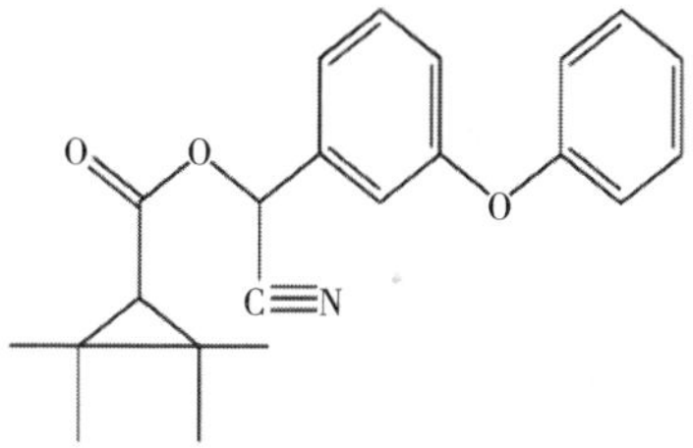

又名灭扫利，属拟除虫菊酯类广谱神经毒剂杀虫剂，具有触杀和胃毒作用，并有一定的忌避作用，无内吸活性和熏蒸作用，杀虫谱广，杀虫活性高，残效期较长，具有虫螨兼除的优点，对多种害螨的成螨、若螨和螨卵有较好的防治效果，对鳞翅目幼虫高效，对同翅目、半翅目、双翅目、鞘翅目等多种害虫有效，低温下也能发挥较好的防治效果，对防治对象有过敏刺激作用，适用于防治果树、棉花、茶叶、蔬菜、花卉、草坪上的多种害虫和害螨，防治各种蚜虫、棉铃虫、棉红铃虫、菜青虫、甘蓝夜蛾、桃小食心虫、柑橘潜叶蛾、茶尺蠖、茶毛虫、茶小绿叶蝉、花卉介壳虫、毒蛾等，但易产生抗药性，

不宜作为专用杀螨剂使用。施药时需均匀喷雾，对钻蛀性害虫应在幼虫蛀入作物前施药。

（1）剂型。20%乳油、20%可湿性粉剂。

（2）使用方法。

● 防治菜青虫、小菜蛾：用20%乳油2 000～3 000倍液喷雾，隔7～10天再喷一次，可兼治螨类。

● 防治桃小食心虫：于产卵盛期（果实有卵率达1%），用20%乳油稀释2 000～4 000倍液喷雾。

● 防治棉红铃虫、棉铃虫：于卵孵盛期，幼虫蛀入蕾、铃之前，用20%乳油，稀释1 000～2 000倍液喷雾，可兼治棉蚜、造桥虫、卷叶虫。

● 防治茶尺蠖、茶毛虫：用20%乳油4 000～5 000倍液喷雾。

● 防治小菜蛾、菜青虫：用20%乳油3～4.5ml/100m^2，对水7.5～11.3kg喷雾。

● 防治叶螨：于成若螨盛发初期，用20%乳油稀释1 000～2 000倍液喷雾，可兼治棉蚜、造桥虫、卷叶虫。

（3）注意事项。

● 对光、热稳定，酸性介质中较稳定，常温下密闭贮存较稳定。常温储存稳定性两年以上。

● 在低温条件下药效更高、残效期更长，宜早春和秋冬施药。

● 除碱性物质外，可与大多数农药混用。

● 安全间隔期棉花为21天，苹果为14天。

● 为延缓抗药性产生，一种作物生长季节内施药次数不超过2次，或与有机磷等其他农药轮换使用或混用。

● 对高等动物毒性中等，对鸟类低毒，对鱼类等水生生物、蜜蜂、家蚕高毒，施药时避免在桑园、养蜂区施药。

● 对水有微毒，禁止让未稀释或大量的产品接触地下水、水道或者污水系统，勿将材料排入周围环境。

● 大量吞服时不能催吐，可洗胃。无特殊解毒剂。

4. 氯氰菊酯（Cypermethrin）

分子式$C_{22}H_{19}Cl_2NO_3$

分子量416.30

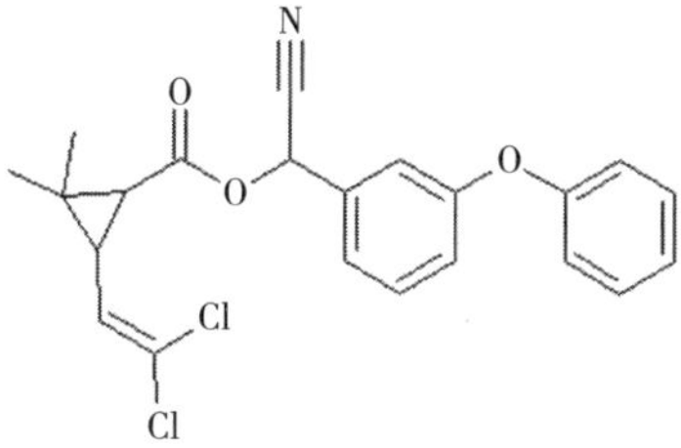

又称为安绿宝、灭百可、兴棉宝、赛波凯，具有广谱、高效、快速的特点，以触杀和胃毒为主，有一定的阻止摄食（拒食）等作用，但无熏蒸和内吸作用。可用于防治棉花、水稻、玉米、大豆、甜菜等农作物及果树、蔬菜、草坪等植物上的鞘翅目、鳞翅目和双翅目害虫，对红铃虫、棉铃虫、玉米螟、菜青虫、小菜蛾、卷叶虫、蚜虫、斜纹夜蛾、尺蠖、跳甲、地下害虫等多种害虫有良好防治效果，但对象鼻虫和部分介壳虫防效不好，对螨类无效。可与多种有机磷和氨基甲酸酯杀虫剂混用，能扩大杀虫谱，起到增效和延缓害虫产生抗药性的作用。防治方法主要为茎叶喷雾，不宜作土壤处理。

（1）剂型。5%乳油、10%乳油、20%乳油、12.5%可湿性粉剂、20%可湿性粉剂、1.5%超低容量喷雾剂。

（2）使用方法。

①蔬菜害虫的防治。

● 防治菜青虫、小菜蛾：于3龄幼虫前进行防治，用20%乳油2 000 ~ 5 000倍液喷雾。

● 防治黄守瓜：于发生期进行防治，用20%乳油2 000 ~ 5 000倍液喷雾。

● 防治甜菜害虫：对有机磷类农药和其他菊酯类农药产生抗性的甜菜夜蛾，用10%氯氰菊酯乳油1 000 ~ 2 000倍液喷雾，防治效果良好。

②大豆害虫的防治。亩用10%乳油35～40ml对水喷雾，可以防治豆天蛾，大豆食心虫、造桥虫等，效果较理想。

③果树害虫的防治。

● 防治柑橘潜叶蛾：于放梢初期或卵孵盛期，用10%乳油2 000～4 000倍液对水喷施，同时可兼治橘蚜、卷叶蛾等。

● 防治苹果桃小食心虫：于卵果率0.5%～1%或卵孵盛期，用10%乳油2 000～4 000倍液进行防治。

④茶树害虫的防治。茶小绿叶蝉于若虫发生期、茶尺蠖于3龄幼虫期前进行防治，用10%氯氰菊酯乳油对水2 000～4 000倍液喷洒。

⑤花卉害虫的防治。用10%乳油使用浓度15～20mg/L可以防治月季、菊花上的蚜虫。

⑥棉花害虫的防治。

● 防治棉铃虫和红铃虫：于卵孵盛期、幼虫蛀入蕾和铃之前及棉蚜发生期，亩用10%乳油15～30ml对水喷雾。

● 防治蚜虫：用10%乳油每公顷22.5～45g喷施对水，隔7～10天后再喷一次，可控制蚜虫为害。

（3）注意事项。

● 对光稳定，遇碱分解，勿与碱性物质混用。

● 气温低比气温高时药效好，因此，以午后、傍晚施药为宜。

● 因本品无内吸和熏蒸作用，喷药要均匀周到。在害虫和螨类同时发生时，应尽可能与杀螨剂混用或轮用。

● 防治钻蛀性害虫，应在孵化期或孵化前1～2天施药。

● 对蚕、蜜蜂、鱼类毒性大，对害虫天敌的选择性较低。因此，勿在桑园、鱼塘、养蜂场所使用。

● 对人体有害，每日允许摄入量为0.6mg/（kg·天）。对眼睛有中度刺激作用。不慎入眼，应用大量清水冲洗，并就医。对皮肤有轻微刺激作用，如不慎溅到皮肤，应该尽快脱掉污染衣服，用清水和肥皂冲洗皮肤。

● 对人、畜毒性中等，对水有微毒，不要让未稀释或大量的产品接触地下水、水道或者污水系统，若无政府许可，勿将材料排入周围环境。

- 施药时穿戴适当的防护服、手套和护目镜或面具。

5. 高效氯氟氰菊酯（Lambada-cyhalothrin）

分子式$C_{23}H_{19}ClF_3NO_3$

分子量449.86

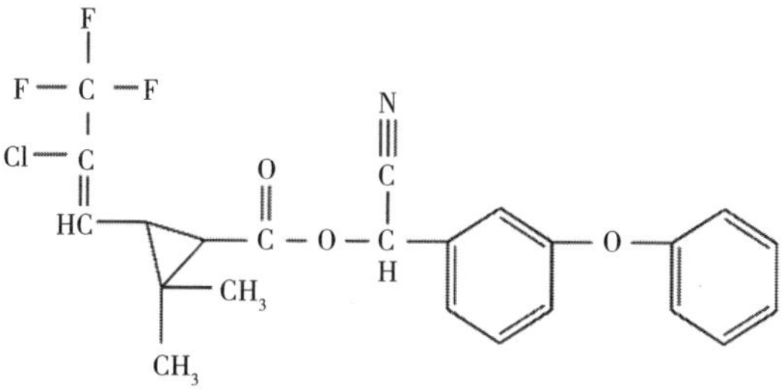

商品名称为功夫，其他名称为三氟氯氰菊酯、功夫菊酯、氟氯氰菊酯、氯氟氰菊酯、空手道，有强烈的触杀作用和胃毒作用，有渗透性，也有驱避作用，但无内吸传导作用，具有广谱、高效、快速、持效期长（施药1次，20天以后防效仍可达90%以上）、喷洒后耐雨水冲刷的特点，对刺吸式口器害虫有一定防效，对螨类有良好的抑制作用，但不能作为专用杀螨剂，长期使用易对其产生抗性。适用于棉花、果树、蔬菜、大豆、烟草、小麦、玉米等作物上害虫的防治，对鳞翅目幼虫及同翅目、直翅目、半翅目等害虫均有很好的防效，对锈螨、瘿螨、跗线螨等有良好效果，能有效地防治棉铃虫、棉红铃虫、棉蚜、玉米螟、柑橘潜叶蛾、介壳虫若虫、叶螨、菜青虫、卷叶蛾、甜菜夜蛾、小菜蛾、甘蓝夜蛾、斜纹夜蛾、柑橘叶蛾、凤蝶、吸果夜蛾、烟青虫、菜螟、菜青虫、食心虫、蚜虫、吸浆虫、黏虫、菜缢管蚜、茶尺蠖、盲椿、茶毛虫、橘蚜、桃小食心虫及梨小食心虫，也能防治花卉、草坪、草原、草地、观赏植物上大多数害虫、动物体上的寄生虫、多种地表的跳蚤、蚊、蝇等公共卫生害虫。

（1）剂型。2.5%乳油、10%乳油、2.5%水乳剂、2.5%微胶囊剂、0.6%增效乳油。

（2）使用方法。

①防治棉花害虫。

● 防治棉花苗期蚜虫：亩用2.5%乳油10～20ml，伏蚜用25～35ml。

● 防治棉红铃虫、棉铃虫、玉米螟、金刚钻等：于第二、三代卵盛期，用2.5%乳油1 000～2 000倍液喷雾，兼治红蜘蛛、造桥虫、棉盲蝽、棉花叶螨、棉象甲。

● 防治棉小造桥虫、卷叶蛾、棉象甲、棉盲蜻象：用4.5%的剂型或5%的剂型1 500～2 000倍液，或100g/L乳油3 000～4 000倍液，均匀喷雾，在害虫发生初期喷药效果最好，能控制棉红蜘蛛的发生数量不急剧增加。但对拟除虫菊酯杀虫剂已经产生较高抗性的棉蚜、棉铃虫等效果不佳。

②防治蔬菜害虫。

● 防治菜蚜、瓜蚜：亩用2.5%乳油15～20ml，加水50kg喷雾。

● 防治菜青虫、小菜蛾：宜于幼虫2～3龄期进行防治，亩用2.5%乳油15～25ml，加水20～25kg，均匀喷雾。

● 防治甜菜夜蛾、甘蓝夜蛾、斜纹夜蛾、烟青虫、菜螟等抗性害虫：于1～2龄幼虫发生期，亩用2.5%乳油20～40ml，对水50kg喷雾（目前我国南方很多菜区的小菜蛾对该药已有较高耐药性，一般不宜再用该剂防治）。

● 防治蓟马、粉虱等害虫：亩用2.5%乳油1 000～1 500倍液喷雾，但需要和瑞德丰标冠或者格猛混配使用。

● 防治茄红蜘蛛、辣椒跗线螨：用2.5%乳油1 000～2 000倍液喷雾，可起到一定抑制作用，但持效期短，药后虫口回升较快。

● 防治茄子叶螨：亩用2.5%乳油30～50ml，加水50kg喷雾。

③防治果树害虫。

● 防治枣、苹果、梨等果树的蠹蛾、小卷叶蛾：于低龄幼虫始发期或开花坐果期，用2.5%乳油2 000 ~ 4 000倍液喷雾。

● 防治桃小食心虫、梨小食心虫、各种果树蚜虫：用2.5%乳油3 000 ~ 4 000倍稀释液喷雾。

● 防治柑橘潜叶蛾：于放梢初期及卵孵化盛期，亩用4.5%乳油加水稀释2 250 ~ 3 000倍液，均匀喷雾。

● 柑橘红蜡蚧：于卵孵化盛期防治，亩用4.5%乳油加水稀释900倍液均匀喷雾。

④防治水稻害虫。东北水稻主要地下害虫是潜叶蝇、负泥虫、蟓甲，根据气候不同负泥虫和蟓甲在不同区域发生，有一定差异，但潜叶蝇基本成为常规害虫，农户每年都要进行防治。

● 苗床期防治蝼蛄、潜叶蝇等：用2.5%百劫微乳剂，5%瑞功或5%锐豹，每垧地的苗床用200ml，甩施。

● 移栽后防治潜叶蝇、负泥虫、蟓甲等害虫：移栽后7天缓苗后，使用5%瑞功或5%锐豹每垧地200 ~ 350ml拌肥撒施。

● 防治二化螟：于3龄前亩用2.5%乳油15 ~ 20ml，加水50kg喷雾，可快速消灭二化螟为害。

⑤防治玉米害虫。防治玉米螟，可用2.5%乳油15ml对15kg水喷雾，重点喷施玉米心部。

⑥防治小麦害虫。防治小麦蚜虫，亩用2.5%乳油15 ~ 20ml对水15kg喷雾。

⑦防治茶叶害虫。防治茶尺蠖，于2 ~ 3龄幼虫盛发期施药，每亩用4.5%乳油25 ~ 40ml，加水60 ~ 75kg，均匀喷雾。

⑧防治地下害虫。

● 预防金针虫为害：苗前亩用2.5%乳油15 ~ 20ml和选择性除草剂现混使用。

● 防治金针虫、玉米螟和地老虎：苗后亩用2.5%乳油15 ~ 20ml和选择性除草剂现混使用。

● 预防蛴螬和金针虫：以拌种为主，害虫发生时，可喷雾灌根，亩用2.5%乳油15 ~ 20ml，加水50kg喷雾。

（3）注意事项。

● 勿与碱性农药混用，也不可做土壤处理剂。

● 本品易燃，贮运过程要注意防火，远离火源。

● 对鱼虾、蜜蜂、家蚕高毒，禁止在鱼塘、河流、蜂场、桑园、水田及附近使用。

● 对拟除虫菊酯类农药产生抗性的害虫，应适当提高药液使用浓度。

● 收获前21天停用。

● 土壤干旱不宜使用。

● 属神经毒剂，无特殊解毒剂，大量吞服时可洗胃但不能催吐，并立即就医。

6. 醚菊酯（Ethofenprox）

分子式$C_{25}H_{28}O_3$

分子量376.488

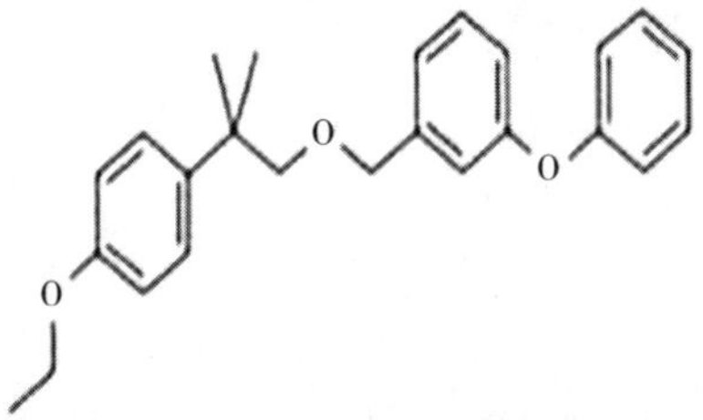

醚菊酯结构中无菊酸，不属于拟虫菊酯类农药，而属于醚类，但因其空间结构和拟除虫菊酯有相似之处，兼具了拟虫菊酯类农药的优点，所以仍称为类似拟除虫菊酯类的杀虫剂。

醚菊酯属广谱低毒内吸性杀虫剂，兼具触杀和胃毒作用，具有杀虫活性高、击倒速度快（药后30分钟能达到50%以上）、持效期长（正常情况下持效期20天以上）、对作物安全、对天敌安全等特点，其速效性和持效性优于吡蚜酮和烯啶虫胺。醚菊酯对同翅目飞虱科有特效，尤其对水稻稻飞虱的防治效果显著，是国家禁止高毒类农药在水稻上应用后唯一允许在水稻上登记的拟虫菊酯类农药，对鳞翅目、半翅目、鞘翅目、双翅目、直翅目和等翅目等害虫有高效，可防治褐色虱、白背飞虱、黑尾叶蝉、棉铃虫、红铃虫、桃蚜、瓜蚜、白粉虱、菜青虫、茶毛虫、茶尺蠖、茶刺蛾、桃和梨小食心虫、柑橘潜叶蛾、烟草夜蛾、小菜蛾、玉米螟、大螟、大豆食心虫等害虫，对螨无效。

（1）剂型。10%悬浮剂、20%乳油。

（2）使用方法。

● 防治水稻害虫：水稻灰飞虱、白背飞虱、褐飞虱，可亩用10%悬浮剂30～40ml，或0.9～1.4g/100m^{2}有效成分的20%乳油对水喷雾；防治水稻稻象甲，可亩用10%悬浮剂40～50ml，对水喷雾。

● 防治玉米螟、大螟等：亩用10%悬浮剂30～40ml，对水喷雾。

● 防治甘蓝青虫、甜菜夜蛾、斜纹夜蛾：亩用10%悬浮剂40ml对水喷雾。

● 防治棉花害虫：棉铃虫、烟草夜蛾、棉红铃虫等，可于卵孵盛期，幼虫蛀入蕾、铃之前，用10%悬浮剂15～18ml/100m^{2}对水喷雾或亩用10%悬浮剂30～40ml，对水喷雾。

● 防治松毛虫：亩用10%悬浮剂30～50mg药液喷雾。

（3）注意事项。

● 该药对作物无内吸作用，要求喷药均匀周到。

● 应储存于通风低温干燥处，勿与强碱性农药混用，与食品原料分开储运。

● 对钻蛀性害虫应在害虫未钻入作物前喷药。

● 悬浮剂如放置时间较长出现分层时，应先摇匀后使用。

● 对鱼和蜜蜂高毒。使用时应避免污染鱼塘、蜂场。

● 对皮肤和眼睛无刺激作用。如不慎误服，饮数杯热水引吐，并立即就医。

四、苯甲酰脲类

1. 氟铃脲（Hexafluron）

分子式$C_{16}H_8Cl_2F_6N_2O_3$

分子量461.15

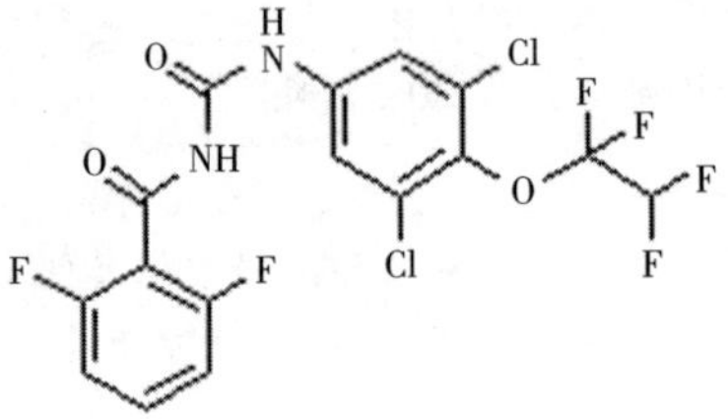

其他名称为盖虫散、六福隆，属昆虫生长调节剂，具有较高的杀虫活性和杀卵活性，杀虫谱广，能抑制害虫吃食速度，有较快的击倒力。对棉铃虫防治效果佳。适用于防治棉花、马铃薯、果树上的鞘翅目、鳞翅目、双翅目、同翅目害虫，兼有杀卵活性，但对螨无效。在害虫发生初期（如成虫始现期和产卵期）施药最佳，在草坪及空气湿润的条件下施药可提高杀卵效果。

（1）剂型。5%乳油。

（2）使用方法。

● 防治枣树、苹果、梨等果树的金纹细蛾、桃潜蛾、卷叶蛾、刺蛾、桃蛀螟等多种害虫：于卵孵化盛期或低龄幼虫期用5%乳油的1 000～2 000倍液喷洒，药效可维持20天以上。

● 防治柑橘潜叶蛾：于卵孵化盛期用5%乳油的1 000倍液喷雾。

● 防治枣树、苹果等果树的棉铃虫、食心虫等害虫：于卵孵化盛期或初孵化幼虫入果前用5%乳油的1 000倍液喷雾。

● 防治棉花和果树上的鞘翅目、双翅目和鳞翅目害虫：幼虫2～3龄盛发期，用5%氟铃脲乳油以0.5～1kg/hm^2（2 000～3 000倍液）喷雾。

（3）注意事项。

● 勿与碱性农药混用，但与其他杀虫剂混合使用，可提升防治效果。

● 该品无内吸性和渗透性，防治食叶害虫应于低龄幼虫期施药，防治钻蛀性害虫应于产卵盛期、卵孵化盛期施药。喷药要均匀、周密。

● 忌高温强光照，高浓度时易产生药害，尤其是十字花科蔬菜易烧叶。

● 防治棉花害虫，用量控制在15ml一桶水。但高温时也易产生药害，尤其是和辛硫磷在一起混配。

● 对水生生物有极高毒性，易被各种土壤吸附，可能对水体环境产生长期不良影响。不要让未稀释或大量的产品接触地下水、水道或者污水系统，若无政府许可，勿将材料排入周围环境。

2. 除虫脲（Diflubenzuron）

分子式$C_{16}H_8Cl_2F_6N_2O_3$

分子量310.68

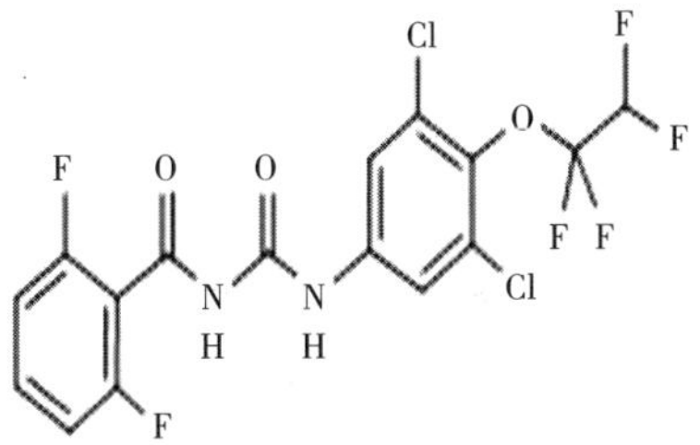

除虫脲商品名称为敌灭灵，其他名称为伏虫脲、氟脲杀，属苯甲酰脲类特异性昆虫生长调节剂，以胃毒作用为主，兼有触杀作用。害虫取食后可造成积累性中毒，抑制昆虫壳多糖的合成，使卵不能正常发育、幼虫不能形成新表皮或表皮因缺乏硬度而死亡，蜕皮困难，化蛹受阻，成虫难以羽化、产卵，对昆虫的生殖力有一定的抑制作用，从而影响害虫整个世代。除虫脲是低毒杀虫剂，对人、畜低毒，对天敌为害性小，残效期较长，但药效慢，对鳞翅目害虫有特效，对幼虫效果更佳，但对刺吸式口器昆虫无效，可用于防治鳞翅目多种害虫，还能防治抗有机磷、有机氯等其他杀虫剂的害虫。

除虫脲适用植物很广，适用于苹果、梨、桃、柑橘等果树，玉米、小麦、水稻、棉花、花生等粮棉油作物，十字花科蔬菜、茄果类蔬菜、瓜类等蔬菜以及茶树、森林等多种植物，可有效防治大田、蔬菜、果树和林区的黏虫、棉铃虫、棉红铃虫、菜青虫、小菜蛾、甜菜夜蛾、斜纹夜蛾、金纹细蛾、桃线潜叶蛾、柑橘潜叶蛾、茶尺蠖、美国白蛾、松毛虫、卷叶蛾、卷叶螟苹果小卷蛾、墨西哥棉铃象、松异舟蛾、舞毒蛾、梨豆液蛾、木虱、橘芸锈螨等，残效12～15天。还可水面施药防治蚊子幼虫，也可用于防治家蝇、厩螯蝇。

（1）剂型。20%悬浮剂、5%可湿性粉剂、25%可湿性粉剂、75%可湿性粉剂、5%乳油。

（2）使用方法。

● 20%除虫脲悬浮剂适合于常规喷雾和低容量喷雾，也可采用飞机作业，使用时将药液摇匀后对水稀释至使用浓度，配制成乳状悬浮液即可使用。

● 防治黏虫、玉米螟、玉米铁甲虫、棉铃虫、稻纵卷叶螟、二化螟、柑橘木虱以及菜青虫、小菜蛾、甜菜夜蛾、斜纹夜蛾等蔬菜害虫：用20%除虫脲悬浮剂1 000～2 000倍液喷雾。

● 防治小菜蛾、斜纹夜蛾、金纹细蛾、甜菜夜蛾、菜青虫、桃小食心虫、潜叶蛾等：于卵孵盛期至1～2龄幼虫盛发期，用25%悬浮剂500～1 000倍液喷雾。

● 防治玉米螟、玉米铁甲虫：于幼虫初孵期或产卵高峰期，用20%悬浮剂1 000～2 000倍液灌心叶或喷雾，可杀卵及初孵幼虫。

● 防治黏虫：于幼虫盛发期，用20%悬浮剂75～150g/hm^{2}加水750kg喷雾。

● 防治柑橘潜叶蛾：于抽梢初期、卵孵盛期，用25%悬浮剂2 000倍液喷雾。

● 防治黏虫、棉铃虫、菜青虫、卷叶螟、夜蛾、巢蛾等：亩用25%悬浮剂5～12.5g 3 000～6 000倍液喷雾。

● 防治松毛虫、天幕毛虫、尺蠖、美国白蛾、毒蛾等林木害虫：亩用25%悬浮剂7.5～10g 4 000～6 000倍液喷雾。

● 防治温室白粉虱：于初龄期开始，用5%乳油2 000倍液喷雾。

● 防治豆野螟：于豇豆、菜豆开花盛期、卵孵化盛期，用5%乳油2 000倍液喷雾，连喷2次，每次间隔7～10天，即可控制为害。

（3）注意事项。

● 本品属蜕皮激素，不宜在害虫高、老龄期施药，宜在幼龄期施药效果最佳，对钻蛀性害虫宜在卵孵化盛期用药。喷雾应均匀、周到。

● 对光、热比较稳定，在酸性和中性介质中稳定，遇碱易分解，勿与碱性物品接触。

● 悬浮剂在贮运过程中会有少量分层，因此使用时应先将药液摇匀，以免影响药效。

● 对眼和皮肤有刺激作用，不慎入眼，应用大量清水冲洗，不慎溅到皮肤，应用肥皂冲洗，但无人体中毒报道，对天敌为害性小，属低毒无公害农药。

● 对鱼、蜜蜂及天敌无不良影响，但对甲壳类和家蚕高毒。甲壳类饲养区、蚕业区应谨慎使用。

3. 氟虫脲（Flufenoxuron）

分子式$C_{21}H_{11}ClF_6N_2O_3$

分子量488.77

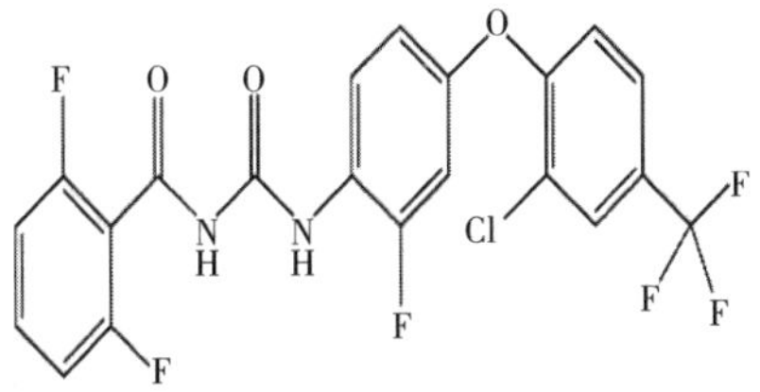

F O O O N H N H F F Cl F F F

商品名称为卡死克，是苯甲酰脲类昆虫生长调节剂，主要通过抑制壳多糖的形成，使害虫不能正常蜕皮和变态而逐渐死亡。氟虫脲具有触杀和胃毒作用，无内吸作用，其杀虫活性、杀虫谱和作用速度均具特色，并有很好的叶面滞留性，尤其对未成熟阶段的螨和害虫有较高活性，成虫接触药后，即使产卵孵化，幼虫也很快死亡。对若螨效果好，不杀成螨，但雌成螨接触药品后，产卵量减少，可造成不育或所产的卵不孵化。

氟虫脲对鳞翅目、鞘翅目、双翅目、半翅目、蜱螨亚纲等多种害虫有效，持效性长，对捕食螨和天敌昆虫安全，适用于果树、蔬菜、棉花等作物，如柑橘、棉花、葡萄、大豆、果树、玉米、咖啡等，可防治苹果叶螨、苹果越冬代卷叶虫、苹果小卷叶蛾、果树尺蠖、梨木虱、柑橘叶螨、柑橘木虱、柑橘潜叶蛾、蔬菜小菜蛾、菜青虫、豆荚螟、茄子叶螨、棉花叶螨、棉铃虫、棉红铃虫等。也可防治食植性螨类（刺瘿螨、短须螨、全爪螨、锈螨、红叶螨等）。

（1）剂型。5%可分散性液剂、5%乳油。

（2）使用方法。

①使用准则。每季只能使用一次，安全间隔期10天。

②防治蔬菜害虫。

● 防治小菜蛾：用5%可分散性液剂1 000～2 000倍液喷雾。

● 防治茄子红蜘蛛：用5%可分散性液剂1 000～2 000倍液喷雾。

● 防治菜青虫、菜螟、小菜蛾等：于卵孵盛期至1～2龄幼虫盛发期，用5%乳油2 000～4 000倍液喷雾。

● 防治菜心野螟、黏虫：用5%可分散性液剂1 000～2 000倍液喷雾。

③防治果树害虫。

● 防治苹果叶螨：宜于开花前后用卡死克5%乳油1 000～5 000倍液喷雾，夏季用500～1 000倍液喷雾。

● 防治苹果小卷叶蛾：用卡死克5%乳油500～1 000倍液喷雾。

● 防治苹果全爪螨和梨潜叶蛾、柑橘树上的柑橘全爪螨：剂量为10～30g/hm^{2}喷雾。

● 防治柑橘红蜘蛛、柑橘木虱：用卡死克5%乳油500～1 000倍液喷雾。

④防治棉花害虫。

● 防治棉红蜘蛛：亩用卡死克5%乳油50～75ml喷雾。

● 防治棉铃虫：亩用75～100ml喷雾。

● 防治棉红铃虫：亩用5%乳油75～100ml喷雾，初期发生时，用5%乳油1 000～2 000倍液喷雾。

● 防治侧多食跗线螨：使用剂量为5%乳油50～100g/hm^{2}喷雾。

● 防治棉叶夜蛾：使用剂量为5%乳油20～40g/hm^{2}喷雾。

（3）注意事项。

● 勿与碱性农药混配。

● 施药时间应比一般化学农药提前，对钻蛀性害虫宜在卵孵盛期，对害螨应在盛发期施药。

● 难溶于水。对高等动物低毒，对鱼类、鸟类和蜜蜂低毒，对叶螨天敌安全。

● 如误服，不可催吐，可洗胃。

4. 氟啶脲（Ehlorfluazuron）

分子式$C_{20}H_9Cl_3F_5N_3O_3$

分子量540.6548

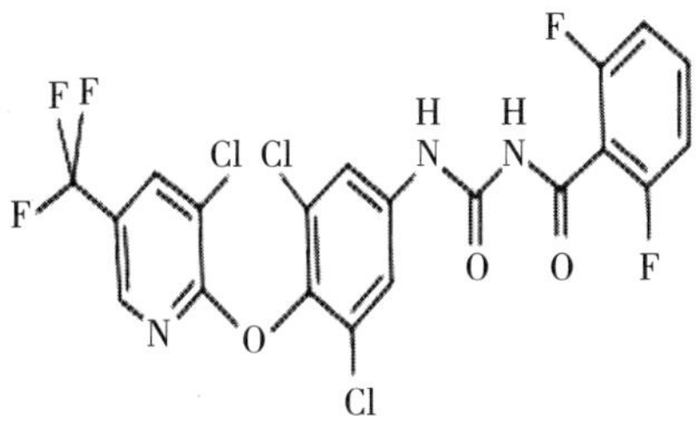

商品名称为抑太保、定虫隆，属苯甲酰脲类昆虫生长调节剂，是广谱性杀虫剂，以胃毒作用为主，兼有较强的触杀作用，无内吸作用，渗透性较差，具有作用机理独特、高效、毒性极低、对环境友好

等显著特点，残效期一般可持续2~3周，是取代高毒农药防治蔬菜害虫的新杀虫剂品种。

氟啶脲对多种鳞翅目害虫如甜菜夜蛾、斜纹夜蛾有特效，对鞘翅目、直翅目、膜翅目、双翅目等害虫有很高活性，但药效缓慢。对使用有机磷、氨基甲酸酯、拟除虫菊酯等其他杀虫剂已产生抗性的害虫有良好的防治效果，尤其对蔬菜害虫防治效果显著，主要防治菜青虫、小菜蛾、棉铃虫、苹果桃小食心虫及松毛虫等，还可用于防治甘蓝、棉花、茶树、果树、松树上的多种害虫。但对蚜虫、叶蝉、飞虱、刺吸式口器害虫无效。

（1）剂型。5%抑太保乳油。

（2）使用方法。

● 防治菜青虫、小菜蛾、甜菜夜蛾、斜纹夜蛾、菜青虫等：于孵卵期至1~3龄幼虫盛期，用5%乳油1 000~2 000倍液（有效浓度12.5~16.7mg/kg）喷雾，在盛发期用5%乳油2 000~4 000倍液喷雾，持效10~14天，杀虫效果达90%以上。如以推荐浓度施用时，对作物不产生药害，可根据害虫的发生严重程度以及虫龄的大小在上述浓度范围内做适当调整。

● 防治茄二十八星瓢虫、马铃薯瓢虫、地老虎等：于幼虫初孵期用5%乳油2 000~3 000倍液喷雾。

● 防治豆荚螟：于作物开花期和害虫盛卵期用5%乳油1 000~2 000倍液分别施药1次。

● 防治棉铃虫：于卵孵盛期，用5%乳油1 000~2 000倍液喷雾，7天后杀虫效果达80%~90%。

（3）注意事项。

● 置于阴凉干燥处，密封存储于容器内，并远离氧化剂。

● 勿与碱性物质接触，以防分解。

● 施药适期较一般有机磷、除虫菊酯类杀虫剂提早3天左右，防治适期应掌握在孵卵期至1~2龄幼虫盛期，钻蛀性害虫宜在产卵盛期施药。

● 无内吸传导作用，施药时须均匀周到。

● 严禁在桑园、鱼塘等场所及其周围使用。

● 棉花和甘蓝每季作物使用不超过3次，柑橘不超过2次。安全间隔期棉花和柑橘均为21天，甘蓝7天。

● 如误服，应大量饮水，立即洗胃，不可引吐。对症治疗。

5. 灭幼脲（Chlorbenzuron）

分子式$C_{14}H_{10}Cl_2N_2O_2$

分子量309

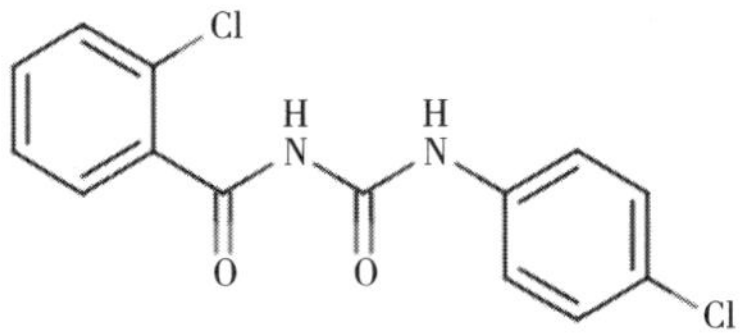

灭幼脲属苯甲酰脲类昆虫几丁质合成抑制剂，为昆虫激素类农药，具有高效低毒、残效期长、不污染环境的优点，是综合治理有害生物的环保型仿生制剂类药剂，主要通过抑制昆虫表皮几丁质合成酶和尿核苷辅酶的活性，来抑制昆虫几丁质合成，从而使害虫新表皮形成受阻，或缺乏硬度，不能正常蜕皮而死亡，或使卵内幼虫因缺乏几丁质而不能孵化或孵化后随即死亡。对变态昆虫，特别是鳞翅目幼虫和双翅目幼虫表现为很好的杀虫活性。灭幼脲具有胃毒作用和一定的触杀作用，可大面积用于防治桃树潜叶蛾、茶黑毒蛾、茶尺蠖、菜青虫、甘蓝夜蛾、小麦黏虫、玉米螟、松毛虫、美国白蛾、毒蛾类、夜蛾类等鳞翅目害虫，还可用于防治地蛆、厕所蝇蛆、蚊子幼虫等，对人、畜和植物安全，对天敌杀伤力小，药效较慢，2～3天后才能显示杀虫作用。

（1）剂型。25%灭幼脲悬浮剂、25%阿维·灭幼脲悬浮剂、25%甲维盐·灭幼脲悬浮剂。

（2）使用方法。

● 防治桃小食心虫、枣步曲、茶尺蠖等害虫：25%悬浮剂2 000～

3 000倍液均匀喷雾。

● 防治农作物菜青虫、小菜蛾、甘蓝夜蛾、黏虫、螟虫等害虫：25%悬浮剂2 000～2 500倍液均匀喷雾。

● 防治森林松毛虫、舞毒蛾、舟蛾、天幕毛虫、美国白蛾等食叶类害虫：25%悬浮剂2 000～4 000倍液均匀喷雾，飞机超低容量喷雾每公顷450～600ml，在其中加入450ml的脲素效果会更好。

● 防治地蛆、厕所蝇蛆、蚊子幼虫：25%悬浮剂1 000倍液浇灌葱、蒜类蔬菜根部，可有效地杀死地蛆，也可防治厕所蝇蛆以及死水湾的蚊子。

（3）注意事项。

● 勿与碱性物质混用，以免降低药效。

● 宜于2龄前幼虫期进行防治，虫龄越大，防效越差。

● 该药品悬浮剂有沉淀现象，使用前先摇匀后加少量水稀释，再逐渐加水至合适的浓度，均匀搅拌后均匀喷施。

● 该药于施药3～5天后药效才明显，7天左右出现死亡高峰，忌与速效性杀虫剂混配。

● 对鱼类和桑蚕有影响，不宜在水产品养殖场及桑园附近使用。

● 灭幼脲对益虫和蜜蜂等膜翅目昆虫和森林鸟类几乎无害，但对赤眼蜂有影响。

6. 杀铃脲（杀虫隆）（Triflumuron）

分子式$C_{15}H_{10}ClF_3N_2O_3$

分子量358.7

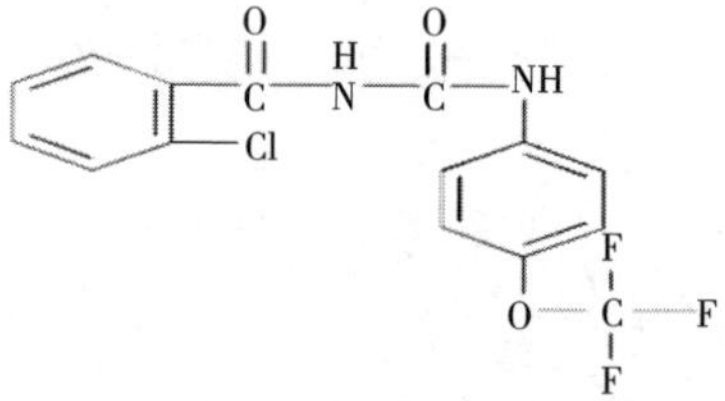

杀铃脲又名杀虫隆、杀虫脲、氟幼灵、三福隆，属苯甲酰脲类

昆虫生长调节剂，壳多糖合成抑制剂，能抑制昆虫几丁质合成酶的活性，阻碍幼虫蜕皮时外骨骼的形成，可在幼虫所有龄期使用，使昆虫的蜕皮化蛹受阻，活动减缓，取食减少，甚至死亡。杀铃脲具有胃毒作用，有一定的触杀及杀卵作用，无内吸作用，作用缓慢，由于其低毒、广谱及杀虫活性高，用量少，残留低，残效期长（可达30天），对环境友好并保护天敌，且能被微生物所分解等特点，是当前调节剂类农药的主要品种，主要用于防治金纹细蛾、菜青虫、小菜蛾、小麦黏虫、松毛虫等鳞翅目和鞘翅目害虫，防治效果均达到90%以上，还可防治咀嚼口器昆虫，对吸管型昆虫无效（除木虱属和橘芸锈螨外），可有效防治玉米、棉花、森林、果树、蔬菜、大豆上的鞘翅目、双翅目、鳞翅目和木虱科害虫，如黏虫、棉铃象甲、大菜粉蝶、马铃薯叶甲、甘蓝银纹夜蛾、菜蛾、舞毒蛾、卷叶蛾、潜叶蛾、西枞色卷蛾、桃小食心虫、梨木虱、甜菜夜蛾、烟青虫、蒜蛆、韭蛆、蛴螬、地老虎、美国白蛾、松毛虫、松针小卷蛾、榆毒蛾、天幕毛虫、杨扇舟蛾、家蝇、蚊子，也可用于防治白蚁。

（1）剂型。5%杀铃脲悬浮剂、20%杀铃脲悬浮剂。

（2）使用方法。

①防治棉花害虫。

● 防治棉铃虫、棉大卷叶螟、棉褐带卷蛾：亩用5%悬浮剂80～100ml（低量）、120～180ml（高量）喷雾。

● 防治棉红铃虫、小造桥虫：亩用5%悬浮剂80～100ml喷雾。

● 防治棉花烟青虫、大造桥虫、棉双斜卷蛾、棉花斜纹夜蛾：亩用5%悬浮剂120～180ml喷雾。

②防治甘蓝害虫。

● 防治甘蓝菜青虫：亩用5%悬浮剂40～60ml喷雾。

● 防治甘蓝小菜蛾、美洲斑潜蝇、拉美斑潜蝇、豆野螟、甜菜夜蛾、斜纹夜蛾、银纹夜蛾、甘蓝夜蛾、烟青虫、潜蝇：亩用5%悬浮剂60～80ml喷雾。

③防治果树害虫。

● 防治苹果金纹细蛾、银纹细蛾、美国白蛾、舞毒蛾、木虱、梨小食心虫、白小食心虫、双齿绿刺蛾、舟形毛虫、枯叶夜蛾等：亩用5%悬浮剂60～80ml喷雾。

● 防治桃潜叶蛾：当桃潜叶蛾80%幼虫进入化蛹期一周后喷药，可用20%杀铃脲悬浮剂8 000倍液喷雾。

④防治大豆害虫。防治大豆豆天蛾、造桥虫、卷叶螟、卷叶野螟、豆荚斑螟、银纹夜蛾、棉铃虫、焰夜蛾、肾毒蛾、食心虫、人纹污灯蛾、豆灰碟、苜蓿绿夜蛾等，亩用5%悬浮剂60～80ml喷雾。

⑤防治油菜害虫。防治油菜菜青虫、菜粉蝶、东方菜粉蝶、云斑粉蝶、大菜粉蝶、黑纹粉蝶、小菜蛾、甘蓝夜蛾、潜叶蝇、灰地种蝇等，亩用5%悬浮剂80～100ml喷雾。

⑥防治芝麻害虫。防治芝麻天蛾、荚野螟、甜菜夜蛾、螟蛾、棉铃虫、麻刺蛾、钻心虫、白粉虱等，亩用5%悬浮剂100～120ml喷雾。

⑦防治茶树害虫。防治尺蠖、毛虫、黑毒蛾、木橑尺蠖、丽绿刺蛾、丽纹象甲、叶跳虫、橙瘿螨、刺叶瘿螨、黑刺粉虱、小卷叶蛾、长白蚧、小爪螨、枝连蛾等，亩用5%悬浮剂100～120ml喷雾。

⑧防治小麦害虫。在麦收前或麦收后，在发蛾高峰期过后3天，用20%杀铃脲悬浮剂8 000倍液喷雾，防治第一代或第二代卵及初孵幼虫，间隔一个月后再喷一次，可兼治苹果小卷叶蛾、桃小食心虫等鳞翅目害虫。

⑨防治白蚁。药剂用量为5%悬浮剂0.561g/100m^2。

（3）注意事项。

● 避光、阴凉、干燥处密封保存。

● 勿与碱性农药等物质混用。

● 本品在苹果树上使用的安全间隔期为21天，每季最多使用次数1次；在十字花科蔬菜上使用的安全间隔期为7天，每季最多使用次数3次。

● 本品为迟效性农药，施药后3～4天药效明显增大。为使药品迅速显效，可与菊酯类农药配合使用，施药比为2：1。

● 本品贮存有沉淀现象，摇匀后使用，不影响药效。

● 本品对鸟类、鱼类、蜜蜂等无毒，对天敌安全，但对蚕高毒，蚕区禁用；对水生甲壳动物幼体有害，成体无害，应避免污染水源和池塘等水体。

● 本品对皮肤和眼睛有轻微刺激作用，使用时应穿戴好防护用具，勿吃东西和饮水，避免药液溅到眼睛和皮肤上。不慎接触到皮肤和眼睛，应立即用大量的肥皂水和清水充分洗净，并及时就医。施药后应立即沐浴清洗全身。

● 用过的容器应妥善处理，不可做他用，也不可随意丢弃。

7. 抑食肼［1，2-dibenzoyl-1-（t-butyl）hydrazine］

分子式$C_{18}H_{20}N_2O_2$

分子量296.3636

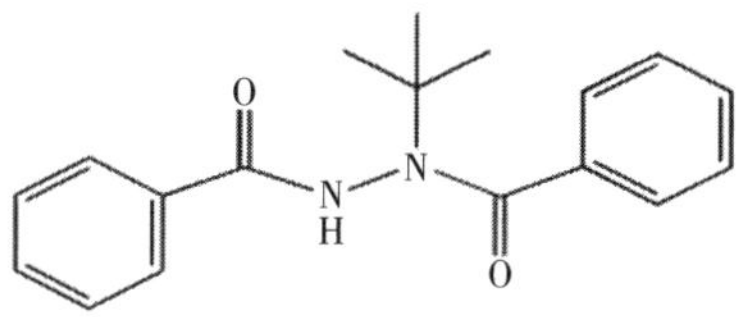

抑食肼又名虫死净或米满，属苯酰胺类具有蜕皮激素活性的昆虫生长调节剂，主要通过降低或抑制幼虫和成虫取食能力，使昆虫加速蜕皮，减少产卵，阻碍昆虫繁殖而达到杀虫作用，对害虫以胃毒为主，也具有强的内吸性，杀虫谱广，持效期较长，但速效性稍差，施药后2～3天后见效，应在害虫发生初期施用。对鳞翅目、鞘翅目、双翅目幼虫具有抑制进食、加速蜕皮和减少产卵的作用。对有抗性的马铃薯甲虫防效优异。对水稻、棉花、蔬菜、茶叶、果树的多种害虫，如二化螟、舞毒蛾、卷叶蛾、苹果蠹蛾有良好防治效果。可用于蔬菜防治小菜蛾、甜菜夜蛾、菜青虫等害虫，也可防治水稻黏虫、二化螟、三化螟等害虫。

（1）剂型。20%可湿性粉剂、25%可湿性粉剂、20%胶悬剂、5%颗粒剂、20%阿维·抑食肼可湿性粉剂。

（2）使用方法。

①防治蔬菜害虫。

● 防治菜青虫、斜纹夜蛾：于低龄幼虫期施药，亩用20%可湿性粉剂50～65g，或20%悬浮剂65～100ml，对水均匀喷雾。

● 防治小菜蛾：于幼虫孵化高峰期至低龄幼虫盛发期，亩用20%可湿性粉剂80～90g，对水喷雾。

● 防治甘蓝菜青虫：用20%悬浮剂的195～300g/hm^2剂量喷雾。

● 防治菜豆的豆野螟或十字花科蔬菜的斜纹夜蛾：亩用20%阿维·抑食肼可湿性粉剂制剂40～50g，对水喷雾。

②防治水稻害虫。防治水稻纵卷叶螟、稻黏虫，用20%可湿性粉剂的150～300g/hm^2剂量喷雾。

③防治烟草害虫。防治烟草的斜纹夜蛾，亩用20%阿维·抑食肼可湿性粉剂制剂50～100g，对水喷雾。

（3）注意事项。

● 贮存于干燥阴凉通风良好处，严防受潮、暴晒。

● 勿与碱性物质混用。

● 不宜在雨天施药。

● 喷药时应均匀周到，以便充分发挥药效，同时，做好个人防护，避免药液溅入眼睛和皮肤。

● 该药剂持效期长，在蔬菜、水稻收获前7～10天内禁止施药。

8. 氟苯脲（Teflubenzuron）

分子式$C_{14}H_6Cl_2F_4N_2O_2$

分子量381.109

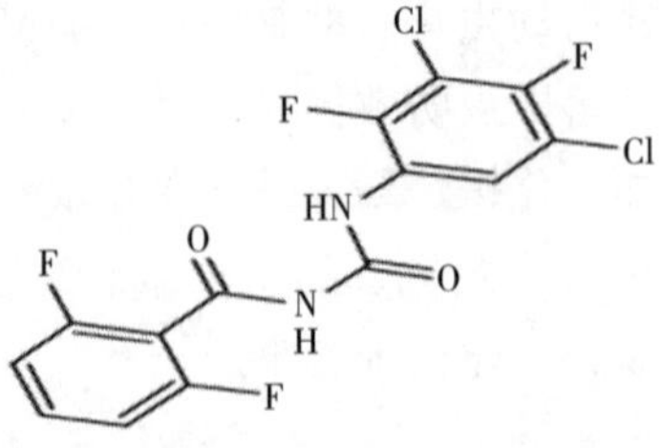

氟苯脲又名农梦特、伏虫隆、优乐得、特氟脲，是一种苯基甲酰基脲类新型杀虫剂，属壳多糖酶抑制剂，通过抑制幼虫的正常蜕皮和发育，来

达到杀虫的目的，具有胃毒、触杀作用，无内吸作用，属低毒杀虫剂，对鱼类和鸟类低毒，对蜜蜂无毒，对作物安全，有效期可长达1个月，但作用缓慢。对有机磷、拟除虫菊酯等产生抗性的鳞翅目和鞘翅目害虫有特效，宜在卵期和低龄幼虫期应用，对其他粉虱科、双翅目、膜翅目、鞘翅目害虫的幼虫也有良好的效果，但对许多寄生性昆虫、捕食性昆虫、刺吸式害虫如叶蝉、飞虱、蚜虫及蜘蛛无效。

（1）剂型。5%乳油。

（2）使用方法。

①防治果树害虫。

● 防治枣树、苹果等潜叶蛾：卵孵化盛期，喷5%氟苯脲（农梦特）乳油1 000～2 000倍液，每15天1次，抽放1次新梢，喷施1～2次。

● 防治枣树、苹果等果树的金纹细蛾、卷叶蛾、刺蛾等：于卵孵化盛期和低龄幼虫期，用5%氟苯脲乳油1 000～2 000倍液喷雾。

②防治蔬菜害虫。

● 防治菜青虫、小菜蛾：于卵孵盛期至1～2龄幼虫盛发期，用5%乳油2 000～4 000倍液喷雾。

● 防治对有机磷、拟除虫菊酯产生抗性的小菜蛾、甜菜夜蛾、斜纹夜蛾：于卵孵盛期至1～2龄幼虫盛发期用5%乳油1 500～3 000倍液喷雾。

③防治棉花害虫。防治棉铃虫、红铃虫，于第二、第三代卵孵盛期用5%乳油1 500～2 000倍液喷雾，药后10天左右杀虫效果达85%以上。

（3）注意事项。

● 燃烧可产生有毒氮氧化物、氟化物和氯化物气体。应远离火源，储存于通风低温干燥处，与食品原料分开储运。

● 喷药时要求均匀周到。

● 注意施药的时间：由于药效时间有别，高龄幼虫需3～15天，卵需1～10天，成虫需5～15天，因此要提前施药；对在叶面活动为害的害虫，应于初孵幼虫时喷药；对钻蛀性害虫，应于卵孵化盛期喷药，才能达到良好的防治效果。

● 本品对水生甲壳类动物有毒，应避免在养殖场附近使用，避免污染水源和池塘等水体。

9. 吡丙醚（Pyriproxyfen）

分子式$C_{20}H_{19}NO_3$

分子量321.37

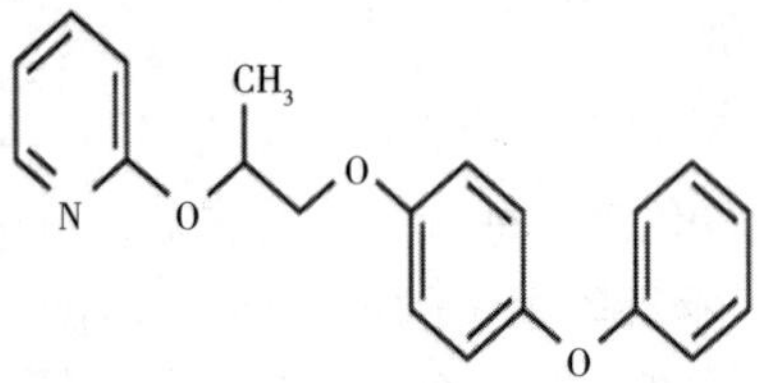

吡丙醚是一种苯醚类扰乱昆虫生长的昆虫生长调节剂，属保幼激素类似物的新型杀虫剂，具有内吸转移活性、低毒，持效期长，对作物安全，对鱼类低毒，对生态环境影响小的特点。对梨木虱、烟粉虱、介壳虫、小菜蛾、甜菜夜蛾、斜纹夜蛾、梨黄木虱、蓟马等有良好的防治效果，同时本品对苍蝇、蚊虫等卫生害虫具有很好的防治效果，具有抑制蚊、蝇幼虫化蛹和羽化作用。蚊、蝇幼虫接触该药剂，基本上都在蛹期死亡，不能羽化。该药剂持效期长达1个月左右，且使用方便，无异味，是较好的灭蚊、蝇药物。

（1）主要剂型。0.5%灭幼宝颗粒剂、10%乳油。

（2）使用方法。

● 治番茄白粉虱：亩用10%乳油35～60ml或10%吡丙·吡虫啉悬浮剂30～50ml，对水喷雾。

● 防治小菜蛾：亩用8.5%甲维·吡丙醚乳油70～80ml，对水喷雾。

● 防治柑橘树介壳虫：用10%乳油1 000～1 500倍液喷雾。

10. 噻嗪酮（Buprofezin）

分子式$C_{16}H_{23}N_{3}SO$

分子量305.4

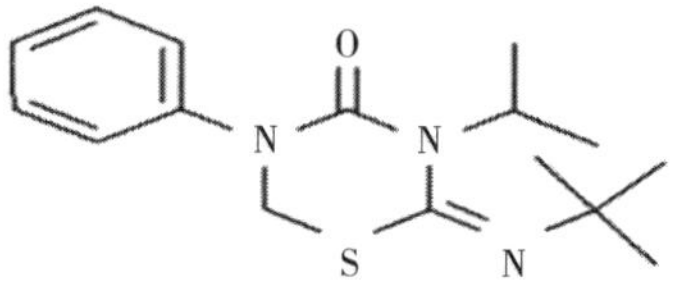

嗪嗪酮又称扑虱灵，属昆虫生长调节剂类杀虫剂，抑制昆虫生长发育的选择性杀虫剂，对害虫有很强的触杀作用，也具胃毒作用；对作物有一定的渗透能力，能被作物叶片或叶鞘吸收，但不能被根系吸收传导；药效发挥慢，一般要在施药后的3~5天呈现药效，施药后7~10天死亡数达到最高峰，因而药效期长，一般直接控制虫期为15天左右，可保护天敌，发挥天敌控制害虫的效果，总有效期可达1个月左右。对害虫具有很强的选择性，只对半翅目的粉虱、飞虱、叶蝉及介壳虫有高效，对小菜蛾、菜青虫等鳞翅目害虫无效。对低龄若虫毒杀能力强，对3龄以上若虫毒杀能力显著下降；对成虫没有直接杀伤力，但可缩短其寿命，减少产卵量，且所产的卵多为不育卵，即使孵化的幼虫也很快死亡，从而可减少下一代的发生数量。主要用于水稻、果树、茶树、蔬菜等作物的害虫防治，对鞘翅目、部分同翅目以及蜱螨目具有持效性杀幼虫活性，可有效防治水稻上的大叶蝉科、飞虱科，马铃薯上的大叶蝉科，柑橘、棉花和蔬菜上的粉虱科及柑橘上的蚧科、盾蚧科和粉蚧科。在常用浓度下对作物、天敌安全，是害虫综合防治中一种比较理想的农药品种。

（1）产品特点。噻嗪酮常与杀虫单、吡虫啉、高效氯氰菊酯、高效氯氟氰菊酯、阿维菌素、烯啶虫胺、吡蚜酮、醚菊酯、哒螨灵等杀虫剂成分混配，生产复配杀虫剂。

（2）剂型。10%乳油、20%乳油、20%可湿性粉剂、25%可湿性粉剂、25%悬浮剂、37%悬浮剂。

（3）使用方法。

①防治蔬菜害虫。

● 防治白粉虱：用10%噻嗪酮乳油1 000倍液喷雾，或用25%噻嗪酮可湿性粉剂1 500倍液与2.5%联苯菊酯乳油5 000倍液混配喷施。

● 防治小绿叶蝉、棉叶蝉：用20%噻嗪酮可湿性粉剂（乳油）1 000倍液喷雾。

● 防治烟粉虱：用20%噻嗪酮可湿性粉剂（乳油）1 500倍液喷雾。

● 防治长绿飞虱、白背飞虱、灰飞虱等：用20%噻嗪酮可湿性粉剂（乳油）2 000倍液喷雾。

● 防治侧多食跗线螨（茶黄螨）：用20%噻嗪酮可湿性粉剂（乳油）2 000倍液喷雾。

● 防治B型烟粉虱和温室白粉虱：用20%噻嗪酮可湿性粉剂（乳油）1 000～1 500倍液喷雾。

②防治果树害虫。

● 防治柑橘矢尖蚧等介壳虫、白粉虱：用25%噻嗪酮悬浮剂（可湿性粉剂）800～1 200倍液或37%噻嗪酮悬浮剂1 200～1 500倍液喷雾。

● 防治矢尖蚧等介壳虫：于害虫出蛰前或若虫发生初期用25%噻嗪酮悬浮剂（可湿性粉剂）800～1 200倍液或37%噻嗪酮悬浮剂1 200～1 500倍液喷雾，每代喷药1次即可。

● 防治白粉虱：于白粉虱发生初盛期开始用25%噻嗪酮悬浮剂（可湿性粉剂）800～1 200倍液或37%噻嗪酮悬浮剂1 200～1 500倍液喷雾，15天左右1次，连喷2次，重点喷洒叶片背面。

● 防治桃、李、杏树桑白蚧等介壳虫、小绿叶蝉：用25%噻嗪酮悬浮剂（可湿性粉剂）800～1 200倍液或37%噻嗪酮悬浮剂1 200～1 500倍液喷雾。

● 防治桑白蚧等介壳虫：于若虫孵化后至低龄若虫期及时喷药，每代喷药1次即可。

● 防治小绿叶蝉：于害虫发生初盛期或叶片正面出现较多黄绿色小点时及时用20%噻嗪酮可湿性粉剂（乳油）1 000倍液喷雾，15天左右1次，连喷2次，重点喷洒叶片背面。

③防治水稻害虫。

● 防治水稻白背飞虱、叶蝉类：于主害代低龄若虫始盛期喷药1次，亩用25%噻嗪酮可湿性粉剂50g，对水60kg均匀喷雾，重点喷洒植株中下部。

● 防治水稻褐飞虱：于主要发生世代及其前一代的卵孵盛期至低龄若虫盛发期各喷药1次，可有效控制其为害，可亩用25%噻嗪酮可湿性粉剂50～80g，对水60kg喷雾，重点喷植株中、下部。

④防治茶树害虫。防治茶树小绿叶蝉、黑刺粉虱、瘿螨时，在茶叶非采摘期、害虫低龄期用药，用25%噻嗪酮可湿性粉剂1 000～1 200倍液均匀喷雾。

（4）注意事项。

● 噻嗪酮无内吸传导作用，要求喷药均匀周到。

● 不可在白菜、萝卜上使用，否则将会出现褐色斑或绿叶白化等药害表现。

● 勿与碱性药剂、强酸性药剂混用；不宜多次、连续、高剂量使用，一般1年只宜用1～2次。连续喷药时，注意与不同杀虫机理的药剂交替使用或混合使用，以延缓害虫产生耐药性。

● 药剂应保存在阴凉、干燥和儿童接触不到的地方。

● 此药只宜喷雾使用，不可用作毒土法。

● 对家蚕和部分鱼类有毒，桑园、蚕室及周围禁用，避免药液污染水源、河塘。施药田水及清洗施药器具废液禁止排入河塘等水域。

● 一般作物安全间隔期为7天，一季最多使用2次。

五、氯化烟酰类杀虫剂（即新烟碱类）

氯化烟酰类杀虫剂（即新烟碱类）和烟碱类杀虫剂都是相同的，

区别在于两者的选择性差异大，前者杀虫活性高，对哺乳动物低毒，后者杀虫活性有限，对哺乳动物毒性高。

氯化烟酰类杀虫剂主要分为硝基烯胺类、硝基胍类和氰基脒类。硝基烯胺类主要品种有烯啶虫胺；硝基胍类主要品种有吡虫啉、噻虫胺、噻虫嗪、呋虫胺、氯噻啉；氰基脒类主要品种有啶虫脒、噻虫啉。

1. 硝基烯胺类——烯啶虫胺（Nitenpyram）

分子式$C_{11}H_{15}ClN_4O_2$

分子量270.7154

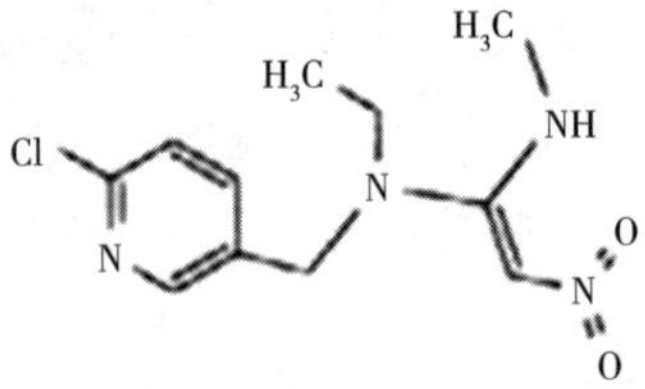

H_3C H_3C NH Cl N N N O O

烯啶虫胺为新烟碱类杀虫剂，化学与生物性质独特，具有很好的内吸和渗透作用，主要作用于昆虫神经，具有广谱、高效、低毒、内吸、残留期较长（可持续15天）和无交互抗性四大优点。对各种蚜虫、粉虱、水稻叶蝉和蓟马具有卓越活性，对处于暴发阶段的灰飞虱及褐飞虱有绝杀作用，对小麦蚜虫、水稻飞虱、蔬菜烟粉虱、白粉虱、蓟马以及茶小绿叶蝉、黑刺粉虱等刺吸式口器的害虫具有较好的防效。可广泛用于防治同翅目和半翅目害虫，如水稻、小麦、棉花、黄瓜、茄子、萝卜、番茄、马铃薯、甜瓜、西瓜、桃、苹果、梨、柑橘、葡萄、茶叶上的各种蚜虫、稻飞虱、蓟马、白粉虱、烟粉虱、叶蝉、蓟马等，也可用于茎叶和土壤处理。对已产生抗药性的害虫也有良好的活性，与有机磷、氨基甲酸酯、沙蚕毒类农药混配后具有增效和杀虫杀螨效果，轮换使用防效更好。配方制剂有：25%烯啶·吡蚜酮可湿性粉剂、80%烯啶·吡蚜酮水分散粒剂、70%烯啶·噻嗪酮水分散粒剂、25%烯啶·联苯可溶液剂、15%阿维·烯啶可湿性粉剂、30%阿维·烯啶可湿性粉剂、20%烯啶·噻虫啉水分散粒剂等。

（1）剂型。50%可溶性粉剂、10%可湿性粉剂、50%可湿性粉剂、5%超低容量液剂、10%水剂、50%水剂、10%AS。

（2）使用方法。

● 防治蔬菜蚜虫：用10%可溶性液剂或10%水剂2 000～3 000倍液均匀喷雾。也可用10%烯啶虫胺可溶粒剂2 000倍液灌根，对大棚黄瓜蚜虫也有较好防效，药后10天的虫口减退率均超过96%。持效期可达20天以上。

● 防治棉花蚜虫：亩用15～20g烯啶虫胺对水45～60kg叶面喷雾，或稀释3 000～4 000倍液均匀喷雾。

● 防治果树蚜虫：用10%烯啶虫胺可溶液剂稀释4 000～5 000倍液均匀喷雾。

● 防治烟粉虱、白粉虱：用10%烯啶虫胺可溶性液剂稀释2 000～3 000倍液均匀喷雾，也可在定植时浇灌10%烯啶虫胺水剂2 000～3 000倍液。温室内使用时应将周围的棚膜及墙壁都要喷上药液。

● 防治蓟马：用10%烯啶虫胺可溶液剂稀释3 000～4 000倍液均匀喷雾或用10%烯啶虫胺可溶性液剂稀释3 000倍+5%啶虫脒2 000倍液均匀喷雾，防治效果突出。

● 防治飞虱：防治暴发期的灰飞虱及褐飞虱，亩用10%烯啶虫胺可溶液剂稀释2 000～3 000倍液均匀喷雾，重点喷水稻的中下部，用药后10分钟左右即见效，速效性明显，持效期可达14天左右，防效可达90%以上，效果显著优于30%啶虫脒、70%吡虫啉等同类药品。中等发生情况下，早期用药，亩用有效成分2～3g，防效在80%～90%。防治褐飞虱需提早用药，压低基数，亩用药剂量为有效成分3g，用药较迟或发生量较大时要适量加大用药剂量。

● 防治茶树小绿叶蝉、茶黑刺粉虱：用10%烯啶虫胺可溶液剂稀释2 000～3 000倍液均匀喷雾。

（3）安全间隔期。柑橘每年最多使用1次，安全间隔期为14天；水稻每季最多使用2次，安全间隔期为21天。

（4）注意事项。

● 避免乱混配。烯啶虫胺水溶性较强，与碱性农药混配，易分解而丧失活性，因此务必注意不要乱混配。

● 交替使用。滥用烟碱类杀虫剂容易使害虫产生抗性，应控制使用次数，注意与其他作用机制不同的杀虫剂轮换使用，防止害虫产生抗性，延长烯啶虫胺的使用寿命。

● 对蚕、蜜蜂、赤眼蜂等天敌高毒，施药期间应避免周围蜂群受影响，开花植物花期、蚕室和桑园附近禁用。赤眼蜂等天敌放飞区域禁用。使用过程中不可污染桑园和蜂场。放蜂季节蜜源植物上切忌使用该药剂，在其他作物上大范围使用该药剂时也要注意保护好蚕室和蜂场。

● 孕妇及哺乳期妇女应避免接触该药。

● 远离水产养殖区、河塘等水体施药，禁止在河塘等水体中清洗施药器具；用过的容器应妥善处理，不可留作他用，也不可随意丢弃。

● 本品可刺激眼睛、呼吸系统和皮肤，如不慎入眼，请立即用大量清水冲洗并就医。施药时应穿防护服和戴手套，避免贱到皮肤或吸入药液；施药期间不可吃东西和饮水，施药后应及时淋浴。

● 最佳施药时期：在飞虱卵期、若虫发生期使用效果最佳。施药时田间宜保持一定的水层，以提高防效。

● 本品在水稻成熟期以前不能和敌敌畏复配使用。

2. 硝基胍类

吡虫啉（Imidacloprid）

分子式$C_9H_{10}ClN_5O_2$

分子量255.66

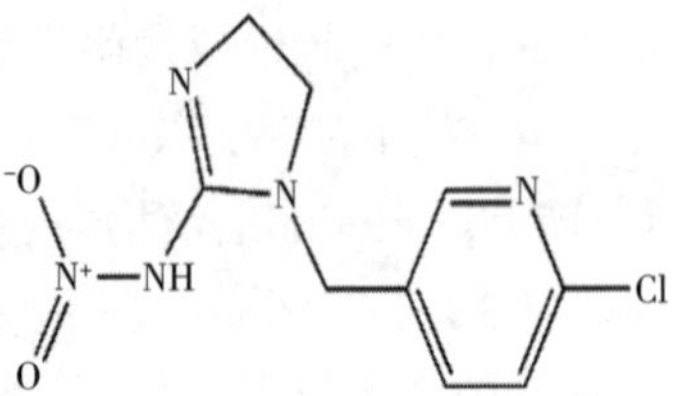

吡虫啉又名一遍净、蚜虱净、大功臣、康复多、必林等，属硝基亚甲基类杀虫剂，是一种烟碱类超高效内

吸性杀虫剂，兼具胃毒和触杀等多重作用，具有广谱、低毒、低残留的特点，持效期长，害虫不易产生抗性，对人、畜、植物和天敌安全等特点。同时，产品速效性好，药后1天即有较高的防效，残效期长达25天左右。药效和温度呈正相关，温度越高，杀虫效果越好，对刺吸式口器害虫有很好的防效，主要用于防治禾谷类作物、粮棉油作物、蔬菜、果树、花卉及观赏植物的刺吸式口器害虫，如蚜虫、叶蝉、粉虱、飞虱、蓟马、木虱、盲蝽等及马铃薯甲虫和麦秆蝇等及其抗性品系等。也可用于防治鳞翅目、鞘翅目和双翅目害虫，如卷叶蛾、食心虫、棉铃虫、夜蛾、尺蠖及蚊、蝇等。吡虫啉常与杀虫单、杀虫双、噻嗪酮、敌敌畏、马拉硫磷、辛硫磷、阿维菌素、灭幼脲、哒螨灵等杀虫剂混配，用于生产复配杀虫剂。

（1）剂型。5%乳油、5%片剂、2.1%胶饵、10%可湿性粉剂、600g/L悬浮种衣剂、70%湿拌种剂等。

（2）使用方法。

①防治果树害虫。

● 防治苹果绣线菊蚜、苹果瘤蚜、卷叶蛾、蚜虫等：在蚜虫开始上果为害时开始喷药，亩用5%乳油1 000～1 200倍液，或用10%可湿性粉剂2 000～2 500倍液，均匀喷雾，10～15天1次，连喷1～2次。

● 防治柑橘潜叶蛾：宜于嫩叶被害率达5%时，亩用5%乳油300～500倍液，或用10%可湿性粉剂800～1 000倍液，均匀喷雾，10～15天1次，连喷2次。

● 防治梨木虱：于若虫发生初期、未被黏液完全覆盖前，亩用5%乳油600～800倍液，或用10%可湿性粉剂1 200～1 500倍液喷雾。每代喷药1次即可。

● 防治杏、李蚜虫：于芽后开花前、落花后，亩用5%乳油600～800倍液，或用10%可湿性粉剂1 200～1 500倍液喷雾。15天各喷药1次。

● 防治枣树和葡萄绿盲蝽：发芽期至幼果期是喷药防治绿盲蝽的关键期，亩用5%乳油600～800倍液，或用10%可湿性粉剂1 200～

1 500倍液喷雾。10～15天喷药1次，与不同类型药剂交替使用。

②防治蔬菜害虫。

● 防治十字花科蔬菜的蚜虫、叶蝉、粉虱等：于害虫发生初期或虫量开始较快上升时，亩用5%乳油30～40ml，或5%片剂30～40g，对水30～45kg均匀喷雾，15天左右1次，连喷2次。

● 防治番茄、茄子、黄瓜、西瓜等瓜果类的蚜虫、粉虱、蓟马、斑潜蝇等：于害虫发生初期或虫量开始迅速增多时，亩用5%乳油60～80ml，或用5%片剂60～80g，对水45～60kg均匀喷雾，15天左右1次，连喷2次左右。

● 防治蔬菜白粉虱、斑潜蝇：于害虫发生初期，亩用5%乳油80～100ml，或用5%片剂80～100g，对水45～60kg均匀喷雾，10～15天1次，连喷2～3次。

● 防治甜菜潜叶甲虫、细胸金针虫：于害虫发生初期开始，亩用5%乳油60～100ml，或用5%片剂60～100g，对水45～60kg均匀喷雾，10～15天1次，连喷2次。害虫发生严重时可与拟除虫菊酯类杀虫剂混用，以提高防效。

③防治棉花害虫。防治棉花蚜虫、绿盲蝽，播种前药剂拌种或包衣，每10kg种子使用600g/L悬浮种衣剂60～80g，或70%湿拌种剂50～70g均匀拌种或包衣，晾干后播种。生长期从虫口数量开始迅速增多时开始喷药，亩用5%乳油60～80ml，或用5%片剂60～80g，对水45～60kg均匀喷雾，15天左右1次，连喷2次左右。

④防治烟草蚜虫。从蚜虫量开始较快上升时或平均每株有蚜虫100头时开始喷药防治，亩用5%乳油60～80ml，或用5%片剂60～80g，对水45～60kg均匀喷雾，10～15天1次，连喷2次。

⑤防治小麦蚜虫。播种前药剂拌种或包衣，每10kg种子使用600g/L悬浮种衣剂60～70g，或用70%湿拌种剂50～60g均匀拌种或包衣，晾干后播种。生长期于小麦抽穗期至灌浆初期喷药1～2次。亩用5%乳油60～100ml，或用5%片剂60～100g，对水30～45kg均匀喷雾。

⑥防治水稻稻飞虱、叶蝉。于若虫孵化盛期至3龄前喷药，或分蘖期至拔节期平均每丛有虫0.5～1头时、孕穗至抽穗期平均每丛有虫10头时、灌浆乳熟期平均每丛有虫10～15头时、蜡熟期平均每丛有虫15～20头时，亩用5%乳油60～80ml，或用5%片剂60～80g，对水30～45kg均匀喷雾。喷药时要将药液喷到植株中下部。如该区飞虱抗药性比较严重，应注意与噻嗪酮、异丙威等药剂混配使用。

⑦防治茶树小绿叶蝉。宜从害虫发生初期或虫量开始迅速增加时，亩用5%乳油600～800倍液，或用10%可湿性粉剂1 200～1 500倍液，均匀喷雾，10～15天1次，连喷2～3次。

（3）吡虫啉拌种。

● 由于吡虫啉在土壤中可高效被植株吸收、可在植株中代谢为杀虫活性更高的物质，且分解后在非致死剂量下也可对害虫发挥拒食和驱避效果，持效期长，尤其针对刺吸式口器害虫及蛴螬等部分鞘翅目害虫。吡虫啉拌种小麦、玉米、高粱等单子叶植物，可全生育期防治蚜虫。

● 不要在水泥地面上拌种，防止药剂被吸收影响药效，可用大盆或者铺一层塑料布（油布）。

● 拌种时应充分搅拌，使每粒种子均匀沾满药液，充分吸收。

● 拌过药剂的种子应放在阴凉处充分晾干，不宜在阳光下暴晒，最好是提前包衣，适期播种，不能食用和饲用。

● 如遇病虫害大发生年份请在当地植保部门指导下及时合理补充用药。

（4）注意事项。

● 勿与碱性农药或物质混用。

● 密封储存于阴凉、干燥的库房，避免与强氧化剂接触。

● 对蜜蜂有毒，禁止在花期或蜂场使用。使用过程中不可污染养蜂、养蚕场所及相关水源。

● 适期用药，收获前一周禁止用药。

● 本品连续使用易产生抗药性，应注意与其他不同作用机理的药剂交替使用或混用。

● 为充分发挥药效，应选择晴朗无风的上午喷药较好，温度高时药效发挥充分。

● 该药对皮肤无刺激性，但对眼睛有轻微刺激作用，用药时注意个人安全防护。

● 无特效解毒剂，如不慎食用，立即催吐并及时送医院对症治疗。

噻虫胺（Clothianidin）

分子式$C_6H_8ClN_5O_2S$

分子量249.678

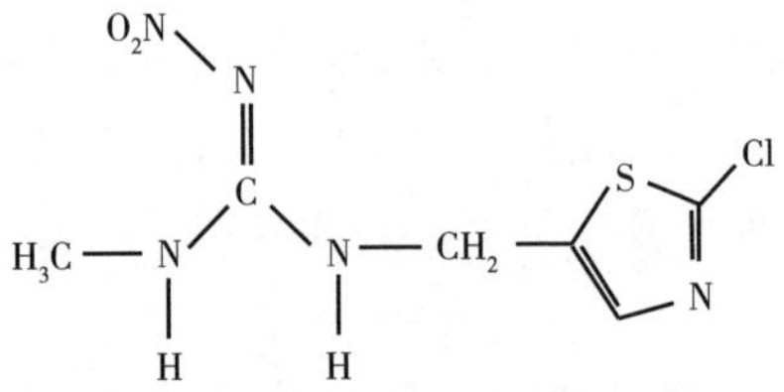

噻虫胺一种高效广谱安全、低毒、高选择性的新烟碱类杀虫剂，有卓越的内吸和渗透作用，具有触杀、胃毒和内吸活性高、用量少、药效持效期长（7天左右）、对作物无药害、使用安全、与常规农药无交互抗性等优点，与传统烟碱类杀虫剂相比更为优异，是替代高毒有机磷农药的又一品种。噻虫胺主要对水稻、蔬菜、果树、棉花、茶叶、草坪和观赏植物等作物上的刺吸式口器害虫有很好的防治效果，也可防治半翅目、鞘翅目和某些鳞翅目等害虫，如白粉虱、烟粉虱、蚜虫、叶蝉、蓟马、飞虱等，适用于叶面喷雾、土壤和种子处理等。

每季最多使用3次，安全间隔期为7天。

（1）剂型。20%悬浮剂、50%可湿性粉剂、20%灭蝇胺·噻虫胺悬浮剂。

（2）使用方法。

● 防治番茄烟粉虱：亩用50%可湿性粉剂6～8g，对水喷雾。每个生长季最多用药3次，安全间隔期为7天。

● 防治水稻稻飞虱：于稻飞虱发生初期，亩用20%悬浮剂40～50ml，均匀喷雾到整株叶片的正反面；种子处理可用50%可湿性粉剂200～400g/100kg剂量接触种子。

● 防治梨木虱：用37%联苯·噻虫胺稀释2 000～2 500倍液防治梨木虱。

（3）注意事项。

● 噻虫胺属低毒类农药，但对家蚕、蜜蜂剧毒，使用时须高度注意。对家蚕剧毒，对蜜蜂接触高毒，经口剧毒，极高风险性；蜜源作物花期禁用，施药期应密切关注对附近蜂群的影响；蚕室及桑园附近禁用。

● 喷雾应避开阔叶作物、水生作物、伞形花科、茄科等作物。

● 不能用施过药的田水浇灌蔬菜，禁止在河塘等水域中清洗施药器具，清洗器具的废水不能排入河流、池塘等水体，废弃物要妥善处理，不能随意丢弃或另做他用。

● 弱苗、田间气温低于20℃时需炼苗，待气温回升或壮苗后方可用药。

● 勿与多效唑混用，如轮用，间隔期需有7～15天。

● 施药时应做好个人防护，避免溅到皮肤或吸入药液；施药期间不可吃东西和饮水，施药后应及时洗手和洗脸。

噻虫嗪（Thiamethoxam）

分子式$C_8H_{10}ClN_5O_3S$

分子量291.71

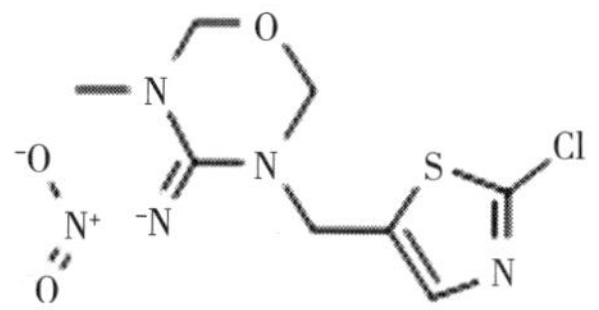

噻虫嗪又名阿克泰、快胜，是一种具有独特结构和优良杀虫活性

的高效低毒杀虫剂，具有触杀、胃毒、良好的叶片传导活性和根部内吸性，在水中溶解度相对较高，降解缓慢，杀虫谱广且持效期长，在土壤中移动性大，既可用于茎叶处理、种子处理，也可进行土壤灌根处理，对病毒传播也有明显的控制，害虫接触药剂后立即停止取食等活动，但死亡速度较慢，死虫高峰通常在施药后2~3天出现。对鞘翅目、双翅目、鳞翅目及多种类型化学农药产生抗性的害虫，尤其是同翅目害虫有高活性，与吡虫啉、啶虫脒、烯啶虫胺无交互抗性。可有效防治各种蚜虫、叶蝉、飞虱类、粉虱、金龟子幼虫、马铃薯甲虫、线虫、地面甲虫、潜叶蛾等害虫。广泛应用于稻类作物、甜菜、油菜、马铃薯、棉花、菜豆、果树、花生、向日葵、大豆、烟草和柑橘等。尤其是在防治不同种类的玉米螟时，效果优，持效期极长，还可用于卫生害虫的防治。

（1）剂型。10%水分散粒剂、25%水分散粒剂、30%水分散粒剂、50%水分散粒剂、70%水分散粒剂、21%悬浮剂、25%悬浮剂、30%悬浮剂、25%可湿性粉剂、30%可湿性粉剂、75%可湿性粉剂、0.08%颗粒剂、0.12%颗粒剂、0.5%颗粒剂、2%颗粒剂、3%颗粒剂、30%悬浮种衣剂、35%悬浮种衣剂、40%悬浮种衣剂、70%种子处理可分散粉剂、30%种子处理悬浮剂、10%微乳剂。

（2）使用方法。

①防治稻飞虱。亩用25%噻虫嗪水分散粒剂2~4g，对水30~40kg均匀喷淋稻田；也可于若虫发生初盛期，亩用喷液量30~40L，直接喷洒在叶面上，可迅速传导到水稻全株。防治水稻褐飞虱、白背飞虱在有水环境下，于低龄若虫高峰期，亩用25%噻虫嗪水分散粒剂3.2~4.8g，对水50~60kg均匀喷雾。

②防治蚜虫。

● 防治苹果蚜虫：于蚜虫盛发初期，用25%噻虫嗪5 000~7 000倍液或每100L水加25%噻虫嗪10~20ml（有效浓度25~50mg/L），或每亩用5~10g（有效成分1.25~2.5g）进行叶面喷雾。

● 防治柑橘蚜虫：于害虫发生初期，用25%水分散粒剂3 000~

4 000倍液均匀喷雾。

● 防治蔬菜蚜虫：于害虫发生初盛期，亩用25%水分散粒剂10～20g，对水40～60kg均匀喷雾或在害虫发生初期每株使用25%水分散粒剂0.12～0.2g对水200～250ml灌根。

● 防治西瓜蚜虫：亩用20%水分散粒剂8～10g，对水喷雾。

● 防治甘蔗绵蚜：于绵蚜发生初期，用25%水分散粒剂8 000～10 000倍液均匀喷雾。

● 防治棉花蚜虫：用25%水分散粒剂13～26g，对水45～60kg均匀喷雾，或每10kg种子使用70%种子处理可分散粒剂30～60g均匀拌种包衣。

● 防治烟草蚜虫：于害虫发生初盛期，亩用25%水分散粒剂10～20g，对水40～60kg均匀喷雾。

● 防治花卉蚜虫：于害虫盛发前期，亩用25%水分散粒剂10～15g，对水45～60kg均匀喷雾。

③防治蔬菜烟粉虱、白粉虱。于害虫发生初盛期，亩用25%水分散粒剂4.8～16g，对水50～60kg或配成15 000倍液均匀喷雾，也可在害虫发生初期每株使用25%水分散粒剂0.12～0.2g，对水200～250ml灌根。

④防治蓟马。

● 防治蔬菜及花卉蓟马：于害虫盛发前期，亩用25%水分散粒剂10～15g，对水45～60kg均匀喷雾。

● 防治棉花蓟马：亩用25%噻虫嗪13～26g（有效成分3.25～6.5g）进行喷雾。

⑤防治梨木虱。于各代若虫发生初期（未被黏液完全覆盖前）用25%噻虫嗪6 000～8 000倍液或每100L水加10ml（有效浓度25mg/L），或每亩果园用6g（有效成分1.5g）均匀喷雾。

⑥防治葡萄介壳虫。于介壳虫出蛰期或始发期，亩用25%水分散粒剂4 000～5 000倍液均匀喷雾。

⑦防治柑橘潜叶蛾。用25%噻虫嗪3 000～4 000倍液或每100L水

加25～33ml（有效浓度62.5～83.3mg/L），或每亩用15g（有效成分3.75g）均匀喷雾。

⑧防治茶树小绿叶蝉。于害虫发生初期至盛发初期，用25%水分散粒剂8 000～10 000倍液均匀喷雾。

⑨防治卫生害虫。用于卫生害虫防控的杀虫剂主要有饵剂、饵粒、胶饵，可用0.01%噻虫嗪胶饵，投放于蚂蚁出没或栖息处；用1%噻虫嗪粒剂，投放于蝇栖息及出没处；或用1%噻虫嗪+0.1%诱虫烯饵粒，撒于苍蝇经常出没处，或投放到浅盘或其他浅容器中，或投放在湿润的纸板上并将纸板挂起。

（3）注意事项。

● 应远离儿童，加锁保存，与食品、饲料分开存放。

● 本品应避免在低于10℃和高于35℃的场所储存，且勿与碱性药剂混用，以免降低药效。

● 本品低毒，对眼睛和皮肤无刺激作用，一般不会引起中毒事故，如误食引起不适等中毒症状，没有专门解毒药剂，可请医生对症治疗。但在施药时，应做好个人防护。

● 本品对蜜蜂有毒，勿在蜜蜂采蜜的场所或花期使用。

● 本品杀虫活性很高，用药时勿盲目加大用药量。

呋虫胺（Dinotefuran）

分子式$C_7H_{14}N_4O_3$

分子量202.21

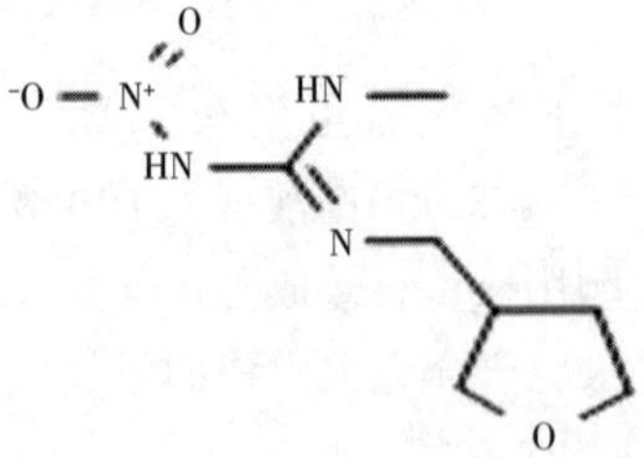

O
-O — N+ HN —
HN
N
O

呋虫胺因存在着特殊的呋喃结构，不含卤族元素，又被称为“呋喃烟碱”，属第三代烟碱类杀虫剂。该药剂杀虫谱广，具有卓越的内吸渗透作用，同时具有触杀、胃毒、根部内吸活性强、用量少、速效、活性高、持效期长（3～4周）等特点，对哺乳动物、作物、蜜蜂及鸟类、水生生物及环境十分安全，不影响蜜蜂采蜜。对刺吸式口器害虫有优异防效，对鞘翅目、双翅目和鳞翅目、双翅目、甲虫目和总翅目害虫有高效，并对蜚蠊、白蚁、家蝇等卫生害虫也有高效。可用于水稻、果树、蔬菜等众多作物，可防治水稻、蔬菜、水果、棉花、烟叶等害虫。此外，呋虫胺也具有一定的杀卵作用。

（1）呋虫胺的杀虫谱。

①水稻害虫。

● 高效：褐飞虱、白背飞虱、灰飞虱、黑尾叶蝉、稻蛛椽蝽象、星蝽象、稻绿蝽象、红须盲蝽、稻负混虫、稻筒水螟。

● 有效：二化螟、稻蝗类。

②蔬菜、水果害虫。

● 高效：蚜虫类、黄瓜粉虱类、蚧类、矢尖盾蚧、朱绿蝽、桃小食心虫、桃潜叶蛾、茶细蛾、黄条跳甲、豆潜蝇。

● 有效：角腊蚧、小菜蛾、二黑条叶甲、茶黄蓟马、烟蓟马、黄蓟马、柑橘黄蓟马、大豆荚瘿蚊、番茄潜叶蝇。

（2）剂型。1%颗粒剂，2%育苗箱用颗粒剂，20%水溶性颗粒剂，0.5DL粉剂等。

（3）使用方法。

● 防治蔬菜作物害虫：为防治移栽时寄生的害虫和移栽前飞入的害虫，可用1%颗粒剂在果菜类、叶菜类移栽时与土穴土壤混合处理，或在撒播时与播种沟的土壤混合处理，能很快被植物吸收，保持4～6周的药效；或用20%的水溶性颗粒剂作为茎叶处理剂防治害虫，在蔬菜移栽时使用，可防治生长初期发生的蚜虫、粉虱类、蓟马类、小菜蛾等；水溶性颗粒剂在害虫发生适期使用，也可同时防治上述害虫，对蚜虫、粉虱类，有效期长达1个月。且无须担心推荐剂量对作物的药害问题。其颗粒剂在干燥土壤（土壤水分在5%为止）条件下，效果仍然稳定。

● 防治果树害虫：20%水溶性颗粒剂作为茎叶处理药剂，可有效防治蚜虫、红蚧类吮吸性害虫和食心虫类、金纹细蛾等鳞翅目害虫。另外，对蝽类害虫不仅有很好的杀虫效果，还有很高的抑制吮吸效果。按推荐剂量使用，该药剂无药害，即使剂量加倍，对作物亦十分安全，对果树的重要天敌也十分安全。

● 防治水稻害虫：用DL粉剂和颗粒剂以30kg/hm^2的剂量（有效成分10～20g/hm^2）撒施，能有效地防治飞虱、黑尾叶蝉、稻负泥虫等害虫。在育苗箱使用后，在移栽后仍有效防治飞虱类、黑尾叶蝉、稻负混虫及稻筒水螟，对目标害虫残效期长，45天后仍能有效控制虫口密度。

（4）注意事项。

● 对哺乳动物及水生生物十分安全。

● 对鸟类毒性很低，对蜜蜂安全，不影响蜜蜂采蜜。

● 使用前，应充分摇匀，使用时，应均匀喷雾。

● 勿污染饮用水、食堂、河流等。

氯噻啉（Imidaclothiz）

分子式$C_{10}H_9ClN_4S$

分子量252.72

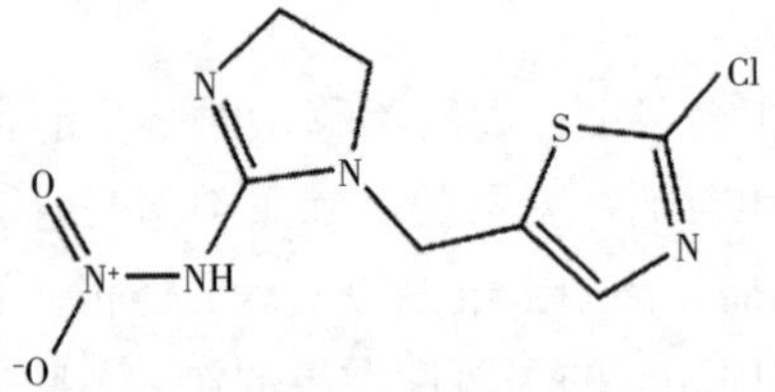

氯噻啉是一种广谱、内吸性新烟碱类杀虫剂，具有高效、速效、低毒、不受温度高低限制、持效性好、成本低等特点，与烟碱的作用机理相同。氯噻啉有较强的触杀和内吸活性，内吸活性高于触杀活性，其杀虫活性是一般新烟碱类杀虫剂（如：啶虫脒、吡虫啉）活

性的20倍，且克服了啶虫脒、吡虫啉等产品在温度较低时防效差的缺点。与有机磷、氨基甲酸酯、拟除虫菊酯类常规杀虫剂无交互抗性，可用于抗性治理，替代高毒农药防治多种作物害虫，对刺吸口器害虫有良好的杀灭效果，如蚜虫、叶蝉、飞虱、蓟马、粉虱及其抗性品系，同时对鞘翅目、双翅目和鳞翅目害虫也有效，尤其对于水稻二化螟、三化螟毒力比其他烟碱类杀虫剂高，对小麦、水稻、棉花、蔬菜、果树、茶树、烟叶等多种作物上的重要害虫有优异的防效，还对各种甲虫（如马铃薯甲虫、苹果象甲、稻象甲）和鳞翅目害虫（如苹果树上潜叶蛾和苹果蠹蛾）也有效。该药速效和持效性好，在常规用药量范围内对作物安全，对人、畜、作物及天敌等安全。

（1）剂型。10%可湿性粉剂、40%可湿性粉剂、40%水分散粒剂。

（2）使用方法。根据作物、害虫、使用方式的不同，推荐用量为20～60g有效成分/hm^{2}作叶面喷施。

①防治蔬菜害虫。

● 防治十字花科蔬菜蚜虫：亩用10%可湿性粉剂10～15g，对水喷雾，持效期7天以上。

● 防治大棚番茄白粉虱、飞虱：亩用10%可湿性粉剂15～30g，于低龄若虫高峰期施药，对水喷雾（特效）。

②防治稻麦害虫。防治水稻稻飞虱，亩用10%可湿性粉剂30～40g或40%水分散粒剂4～5g，对水喷雾，持效期可达10天。

③防治蚜虫。

● 防治小麦蚜虫：亩用10%可湿性粉剂15～20g，对水喷雾（可与敌敌畏混配使用）。

● 防治柑橘树蚜虫、烟草蚜虫等：亩用10%可湿性粉剂20～25g，4 000～5 000倍液喷雾。

● 防治苹果树蚜虫：亩用10%可湿性粉剂5 000～7 000倍液喷雾。

● 防治棉花蚜虫：亩用有效成分2g，相当于10%可湿性粉剂20g或40%水分散粒剂5g，对水40～50kg喷雾。

④防治茶树小绿叶蝉：亩用10%可湿性粉剂20～30g，对水喷雾。

（3）注意事项。

● 密封储存，储存于阴凉、干燥的库房。

● 常温常压下稳定，避免与强氧化剂接触。

● 对鱼低毒，对鸟为中等毒，对蜜蜂、家蚕为高毒，在桑园附近及作物、蜜源植物开花期不宜使用。

● 稀释时要充分搅拌均匀。

● 注意个人防护，中毒应对症治疗。

3. 氰基脒类

啶虫脒（Acetamiprid）

分子式$C_{10}H_{11}ClN_4$

分子量222.67

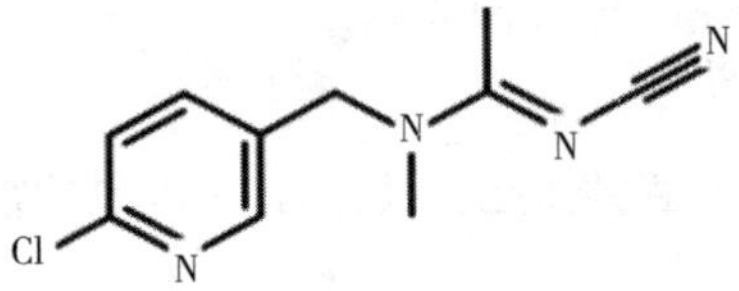

又名莫比朗、吡虫清，是氯代烟碱类杀虫剂，是一种新型且具有一定杀螨活性的杀虫剂，其作用方式为土壤和枝叶的系统杀虫剂，主要通过干扰昆虫神经系统的刺激传导，从而导致昆虫麻痹，最终死亡。啶虫脒对环境相容性好，不易水解，与吡虫啉属同一系列，但它的杀虫谱比吡虫啉更广，其药效和温度呈正相关，温度高杀虫效果好（气温低用吡虫啉，气温高用啶虫脒）。啶虫脒杀虫谱广、活性高、用量少，具有触杀、胃毒、20多天以上的持效力和强大的速效性以及强渗透作用，并有卓越的内吸活性及耐雨水冲刷，故可以作为种子处理剂，防治地下害虫，与常规农药无交互抗性。啶虫脒对有机磷类、氨基甲酸酯类及拟除虫菊酯类有抗性的害虫有特效，对半翅目（蚜虫、叶蝉、粉虱、蚧虫、介壳虫等）、鳞翅目（小菜蛾、潜蛾、卷叶虫、小食心虫、纵卷叶螟）有高效，鞘翅目（天牛、猿叶虫）以及总翅目害虫（蓟马类）均有效。适用于粮、棉、油、糖、果、蔬、豆类、烟草、茶树、花卉等多种种植植物，主要用于防治蔬菜（甘蓝、白菜、萝卜、黄瓜、西瓜、茄子、辣椒等）、果树（苹果、柑橘、梨、桃、葡萄等）、茶、马铃薯、烟草等的同翅目害虫如蚜虫、叶蝉、粉虱和蚧等，也可防治鳞翅目害虫如菜蛾、潜蝇、小食心虫等，鞘翅目害虫如天牛等，蓟马目如蓟马等，对甲虫目害虫也有明显的防效，并具有优良的杀卵、杀幼虫活性，既能防治地上、地下害虫，还可用颗粒剂做土壤处理，防治地下害虫。

此外，啶虫脒还常与阿维菌素、高效氯氰菊酯、高效氯氟氰菊酯、联苯菊酯、甲氨基阿维菌素苯甲酸盐、辛硫磷、二嗪磷、杀虫单等杀虫剂成分混配，生产复配杀虫剂。

（1）剂型。3%乳油、3%可湿性粉剂、5%乳油、5%可湿性粉剂、10%乳油、10%可湿性粉剂、20%可溶性粉剂、20%可湿性粉剂、20%可溶液剂、50%水分散粒剂、13%莫比朗乳油等。

（2）使用方法。

①防治蚜虫。

● 防治枣、梨、苹果、柑橘、桃蚜虫：于果树新梢生长期或者蚜虫发生初期，用3%乳油的2 000～2 500倍液对果树均匀喷雾。

● 防治蔬菜蚜虫：于蚜虫初发生期至盛发前期，亩用3%啶虫脒乳油40～50ml，对水1 000～1 500倍液均匀喷雾，10～15天1次，连喷2～3次，或用3%可湿性粉剂40～50g，或用5%乳油25～30ml，或用5%可湿性粉剂25～30g，或用10%乳油12～15ml，或用10%可湿性粉剂12～15g，或用20%可溶液剂6～8ml，或用20%可溶性粉剂或20%可湿性粉剂6～8g，对水30～60kg均匀喷雾。

● 防治棉花、烟草、花生蚜虫：于蚜虫发生初盛期，用3%啶虫脒乳油对水2 000倍液对植株均匀喷雾，防治效果良好。

● 防治小麦蚜虫：亩用3%啶虫脒乳油30～60g对水均匀喷雾，对蚜虫速效性好，耐雨水冲刷，持效期在15～20天。

● 防治绣线菊蚜、苹果瘤蚜、桃蚜、梨木虱、卷叶蛾、粉虱、斑潜蝇等害虫：可用10%啶虫脒乳油4 000 ~ 6 000倍液喷雾，或用啶虫脒乳油2 000 ~ 3 000倍液喷雾。

②防治粉虱。

● 防治番茄白粉虱：于番茄苗期，亩用3%乳油1 000 ~ 1 500倍液喷雾，防治效果达95%以上。

● 防治西葫芦烟粉虱：于西葫芦成熟期，亩用3%乳油4 000 ~ 5 000倍液喷雾，防治效果仍达80%以上。

● 防治水稻飞虱：在若虫孵化盛期至3龄前，亩用3%乳油70 ~ 100ml，或用3%可湿性粉剂70 ~ 100g，或用5%乳油40 ~ 60ml，或5%可湿性粉剂40 ~ 60g，或用10%乳油20 ~ 30ml，或10%可湿性粉剂20 ~ 30g，或用20%可溶液剂10 ~ 15ml，或用20%可溶性粉剂或20%可湿性粉剂10 ~ 15g，对水45 ~ 60kg均匀喷雾。对吡虫啉产生抗性的飞虱，因啶虫脒与吡虫啉杀虫机理相同，进行防治时应谨慎使用。

③防治各种蔬菜蓟马。于幼虫发生盛期用3%天达啶虫脒乳油液对水1 500倍喷雾，防治效果达90%以上。

④防治果树及高秆作物害虫。可用3%乳油1 500 ~ 2 000倍液，或用50%水分散粒剂25 000 ~ 30 000倍液，均匀喷雾。

⑤防治其他害虫。用3%乳油1 500 ~ 2 000倍液喷雾可防治光潜蛾、橘潜蛾以及梨小食心虫等，并可杀卵。

（3）安全间隔期。柑橘最多使用1次20%啶虫脒乳油，安全间隔期为14天；苹果最多使用2次3%啶虫脒乳油，安全间隔期为7天；黄瓜最多使用3次3%啶虫脒乳油，安全间隔期为4天。

（4）注意事项。

● 本品应贮存在阴凉干燥处，以免降低药效，且禁止与食品混贮。

● 对人、畜低毒，对天敌杀伤力小，对鱼毒性较低，对蜜蜂影响小。

● 对桑蚕有毒性，切勿喷洒到桑叶上。

● 对皮肤有低刺激性，施药时应注意防护，防止接触皮肤和吸入药粉、药液，用药后应及时用清水清洗暴露部位，如不慎溅到皮肤，应立即用肥皂水洗净。如不慎误服，立即催吐，并就医。

● 残液严禁倒入河中。

噻虫啉（Thiacloprid）

分子式$C_{10}H_9ClN_4S$
分子量252.7233

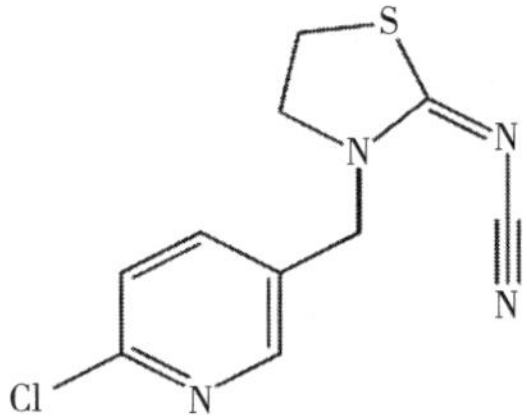

S
N
N
N
Cl
N

噻虫啉具有较强的触杀、胃毒和内吸作用，具有广谱、用量少、速效好、活性高、持效期长，与有机磷、氨基甲酸酯、拟除虫菊酯类常规杀虫剂无交互抗性等特点，可用于抗性治理，对刺吸式和咀嚼式口器害虫有优异的防效，主要用于防治梨果、棉花和马铃薯等和蔬菜上的多种害虫如西圆尾蚜属，并对苹果上的苹实叶蜂、苹果蚜和苹果绵蚜有特效；对各种甲虫、蚜虫、粉虱、马铃薯甲虫、稻象甲和鳞翅目害虫如苹果树上的潜叶蛾和苹果蠹蛾也有效。对相应的作物都适用，也可用于茎叶和种子处理。广泛用于林业上刺吸式、咀嚼式等口器害虫，对松褐天牛的触杀效果十分明显，对一般药剂难以防治的松墨天牛有极好的防治效果，还对光肩星天牛、桑天牛、黄斑星天牛等其他鞘翅目害虫以及半翅目、同翅目等多种森林害虫均有很好的防治效果，可有效切断松材线虫病的主要传播途径，特别适用于松材线虫病的防治。也可用于防治松毛虫、美国白蛾、蜀柏毒蛾、舞毒蛾、天幕毛虫、杨扇舟蛾、杨白潜夜蛾、榆毒蛾、小尾叶蝉、尺蠖、红蜘蛛的防治。

目前，噻虫啉微胶囊缓施技术具有缓释、控制释放的功能。施药后缓慢释放，持效期达到60～90天，提高了防治效果，减少了施药次数和用药量，节约了综合防治成本。噻虫啉制剂主要有微胶囊悬浮剂、微胶囊颗粒剂和水悬浮剂3种剂型，既可对水液体喷洒，又可飞机喷雾、喷粉，施药方式有了更多的选择余地。

（1）剂型。2%微囊悬浮剂、1%微胶囊颗粒剂、48%悬浮剂、36%水分散粒剂。

（2）使用方法。

● 防治马铃薯甲虫：亩用48%噻虫啉悬浮剂7～13ml加水25～50kg喷雾或每千克种薯用75%噻虫嗪干种衣剂0.07～0.1g加适量水稀释后拌种。

● 叶面喷施：根据作物、害虫、使用方式的不同，用48～180g有效成分/hm^2作叶面喷施。

● 飞机防治：亩用48%噻虫啉悬浮剂50～60ml，按1∶8的比例对水稀释，将配制好的药液每亩按550ml进行飞机超低容量喷雾。

● 常规喷雾：用48%噻虫啉悬浮剂2 000倍液机动喷雾机进行林间喷雾。

● 防治柳树天牛：用48%噻虫啉悬浮剂1 000～2 000倍液喷雾。

● 防治豆类害虫：每千克种子用75%噻虫嗪干种衣剂0.5～0.74g加适量水稀释后拌种。

（3）注意事项。

● 密封储存于阴凉、干燥的库房。常温常压下稳定，避免与强氧化剂接触。

● 本品用药量小，易降解，对人、畜安全，无残留，对环境安全。对水生生物和有益昆虫安全，对蜜蜂安全，在作物花期可以使用。但对桑蚕有毒，蚕室和桑园附近禁用。

● 安全间隔期7天。

● 施药时间：宜晴天施药，忌阴雨天喷雾，如施药6小时内遇大雨，药效会大大降低。

● 林业施药次数：对一年一次用药防治的林木，应选择在天牛的羽化初期进行喷雾防治；对一年两次用药防治的林木，可在羽化初期与始盛期进行喷雾防治；如防治一年发生二代或多代的天牛，则需在每次羽化高峰期来临前各施药一次。同时应注意将稀释后的药液喷洒在枝干、树冠和其他天牛成虫喜出没之处。

4. 其他种类

吡蚜酮（Pymetrozine）

分子式$C_{10}H_{11}N_5O$
分子量217.2272

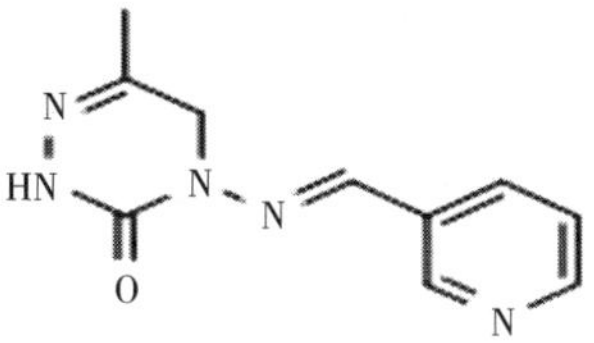

吡蚜酮属于吡啶杂环类或三嗪酮类杀虫剂，是全新的非杀生性杀虫剂，其成虫和若虫接触药剂后，产生口针阻塞效应，停止取食为害，使昆虫拒食而死。吡蚜酮具有高效、低毒、低残留、高选择性、持效期较长（20天以上）、对生态环境安全、不易产生抗性等特点，对哺乳动物低毒，对天敌高度安全，对某些重要天敌或益虫，如棉铃虫的天敌七星瓢虫、普通草蛉、叶蝉及飞虱科的天敌蜘蛛等益虫几乎无害。吡蚜酮对害虫具有触杀作用以及良好的内吸性，内吸活性是抗蚜威的2～3倍，是氯氰菊酯的143倍以上，可用于多种抗性品系害虫的防治，如防治抗有机磷和氨基甲酸酯类杀虫剂的桃蚜等抗性品系害虫，对多种作物的刺吸式口器害虫表现出优异的防治效果，对同翅目害虫选择性极佳。此外，吡蚜酮具有优异的阻断昆虫传毒功能，良好的输导特性，既能在植物体内木质部输导也能在韧皮部输导，因此既可用作叶面喷雾，有效保护在茎叶喷雾后新长出的枝叶，也可用于土壤处理。可防治飞虱科、粉虱科、蚜虫科、叶蝉科等多种害虫，如稻飞虱、褐飞虱、灰飞虱、白背飞虱、烟飞虱、白粉虱、甘薯粉虱、温室粉虱、梨木虱、蓟马、甘蓝蚜、棉蚜、麦蚜、桃蚜、小绿斑叶蝉等。适用于无公害有机粮食作物，在综合防治中显示出良好的发展前景。

（1）剂型。25%吡蚜酮悬浮剂SC、50%水分散粒剂。

（2）使用方法。

● 防治白背飞虱、褐飞虱、灰飞虱：白背飞虱于低龄若虫高峰期、褐飞虱于若虫始盛期、灰飞虱于初发期，亩用25%吡蚜酮15～20g，对水30kg作常规喷雾或对水10kg用弥雾机弥雾。

● 防治水稻稻飞虱、小麦灰飞虱、叶蝉、菜白粉虱：用25%吡蚜酮15～20g，对水30kg作常规喷雾或对水10kg用弥雾机弥雾。

● 防治蔬菜蚜虫、温室粉虱：亩用25%吡蚜酮5g，对水30kg作常规喷雾或对水10kg用弥雾机弥雾。

● 防治小麦蚜虫：亩用25%吡蚜酮5～10g，对水30kg作常规喷雾或对水10kg用弥雾机弥雾或亩用50%水分散粒剂5～10g。

● 防治棉花蚜虫：亩用50%水分散粒剂520～530g或亩用25%吡蚜酮20～30g喷雾。

● 防治果树桃蚜、柑橘蚜虫、苹果蚜：用50%水分散粒剂配成2 500～5 000倍液喷雾或亩用25%吡蚜酮2 000～3 000倍液喷雾。

● 防治黑刺粉虱、梨木虱：亩用25%吡蚜酮2 000～3 000倍液喷雾。

● 防治茶树小绿叶蝉：亩用25%吡蚜酮30～35g喷雾。

● 防治棉花蓟马、蔬菜蓟马、花卉蓟马：亩用25%吡蚜酮20～30g喷雾。

（3）安全间隔期。水稻作物的安全间隔期为14天，每季作物最多使用2次；甘蓝的安全间隔期为14天，每季作物最多使用2次；茶树的安全间隔期为7天，每季作物最多使用1次；烟草的安全间隔期为7天，每季作物最多使用2次。

（4）注意事项。

● 勿与碱性农药等物质混用。为延缓抗性产生，可与其他作用机制不同的杀虫剂轮换使用。

● 喷雾时要均匀周到，尤其对目标害虫的为害部位。

● 本品对瓜类、莴苣苗期及烟草有毒，应避免药液漂移到上述作物上。

● 本品对眼睛有轻度刺激性，如感觉不适或不慎溅入眼睛，应立即停止工作，用流动的清水冲洗15分钟，就医。

● 使用本品时应穿戴防护服和手套，避免吸入药液。施药期间不得吸烟、进食和饮水，防止由口、鼻吸入。如不慎溅到皮肤，应立即用肥皂和清水冲洗15分钟。如不慎吸入，应立即移至新鲜空气处，若仍有不适，立即就医。如不慎误服，应立即送医对症治疗。施药后应及时用肥皂和清水清洗裸露的皮肤和衣服，彻底清洗器械，不可将废液、清洗液倒入河塘等水源，并将包装袋深埋或焚毁。

● 本品对蜜蜂、鱼类等水生生物、家蚕有毒，在规定剂量内使用，对鱼类、蜜蜂、鸟、家蚕等有益生物进行保护，开花植物花期、蚕室、桑园附近禁用，远离水产养殖区施药，禁止在河塘等水域内清洗施药器具。

● 孕妇及哺乳期妇女应禁止接触本品。

虫酰肼（Bufenozide）

分子式$C_{22}H_{28}M_2O_2$

分子量352

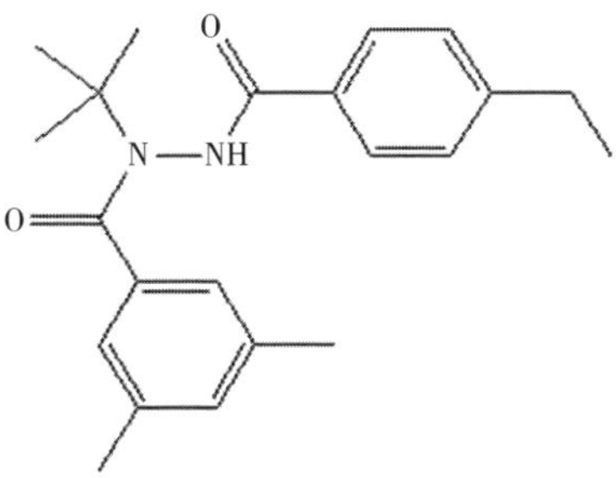

酰肼，又称米满，是非甾族新型昆虫生长调节剂，一种高效、低毒的昆虫生长调节剂型杀虫剂，具有胃毒作用，选择性强，杀虫活性高，对非靶标生物安全，对所有鳞翅目昆虫、幼虫以及对抗性害虫

棉铃虫、菜青虫、小菜蛾、甜菜夜蛾等有特效，对选择性的双翅目和水蚤属昆虫有一定的作用。虫酰肼是一种昆虫蜕皮加速剂，能够诱使幼虫提前产生蜕皮反应，因不能完全蜕皮而造成幼虫脱水、饥饿而最后导致其死亡。虫酰肼对卵效果差，对低龄及高龄的幼虫都有很好的效果，施药6～8小时之后幼虫将会停止取食，不再为害农作物，2～3天内脱水，饥饿而死亡。可防治多种农作物上的蚜科、叶蝉科、鳞翅目、斑潜蝇属、叶螨科、缨翅目、根疣线虫等害虫。适用于蔬菜（甘蓝类、瓜类、茄果类等）、苹果、柑橘、玉米、水稻、棉花、葡萄、猕猴桃、高粱、马铃薯、大豆、甜菜、茶叶、浆果、坚果、马铃薯、森林花卉等，可有效防治苹果卷叶蛾、松毛虫、天幕毛虫、云彬毛虫、舞毒蛾、甜菜夜蛾、甘蓝夜蛾、尺蠖、菜青虫、玉米螟、赫虫、梨小食心虫、葡萄小卷蛾等，持效期达14～20天。

（1）剂型。20%悬浮剂、24%悬浮剂、20%胶悬剂、20%可湿性粉剂。

（2）使用方法。

● 防治枣、苹果、梨、桃等果树卷叶虫、食心虫、各种刺蛾、各种毛虫、潜叶蛾、尺蠖等害虫：用20%悬浮剂1 000～2 000倍液喷雾。

● 防治蔬菜、棉花、烟草、粮食等作物的抗性害虫棉铃虫、小菜蛾、菜青虫、甜菜夜蛾及其他鳞翅目害虫：用20%悬浮剂1 000～2 500倍液喷雾。

● 防治森林马尾松毛虫：用24%悬浮剂3 000～4 000倍液喷雾。

● 防治甘蓝的甜菜夜蛾：于卵孵盛期，亩用20%悬浮剂67～100g，对水30～40kg喷雾。

（3）注意事项。

● 储存于密封、阴凉、干燥的库房。

● 常温常压下稳定，避免与强氧化剂接触。

● 对鱼和水生脊椎动物有毒，对蚕高毒，用药时不要污染水源，严禁在桑蚕养殖区用药，对哺乳动物、鸟类、天敌十分安全。

甲氧虫酰肼（Methoxyfenozide）

分子式$C_{22}H_{28}N_2O_3$

分子量368.4693

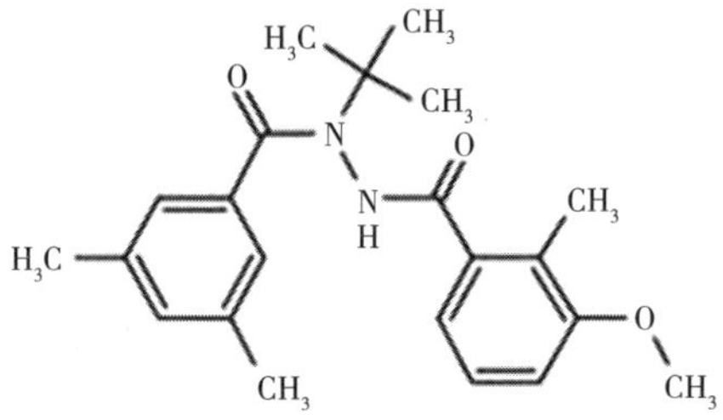

甲氧虫酰肼又称雷通、美满、突击、螟虫净，属二芳酰肼类昆虫生长调节剂，是虫酰肼的衍生物（多一个甲氧基），与虫酰肼在性能上基本相同，主要通过干扰昆虫的正常生长发育、抑制摄食从而达到杀虫目的，对人、畜毒性极低，不易产生药害，对益虫、益螨安全，对环境友好，但生物活性比虫酰肼更高，尤其对幼虫和卵有特效，具有触杀及较好的根部内吸性等，对抗性及高龄甜菜夜蛾效果极佳，对斜纹夜蛾、菜青虫等众多鳞翅目害虫高效，尤其在水稻等单子叶作物上表现更为明显。甲氧虫酰肼主要用于蔬菜和农田作物，防治蔬菜（橄榄菜、瓜类、茄果类）、苹果、玉米、棉花、葡萄、猕猴桃、核桃、花卉、甜菜、茶叶及大田作物（水稻、高粱、大豆）等作物上的鳞翅目害虫及其他害虫。

（1）剂型。97.6%原药、24%悬浮剂、240g/L悬浮剂。

（2）使用方法。

①防治蔬菜害虫。

● 防治十字花科蔬菜甜菜夜蛾、斜纹夜蛾、菜青虫等害虫：亩用24%悬浮剂或240g/L悬浮剂15～20ml对水45～60kg，于卵孵高峰期至2龄幼虫始盛期及早用药，宜于傍晚施用，喷雾应均匀透彻为宜。

● 防治瓜绢螟：宜在2龄幼虫始盛期（未卷叶为害前），用24%悬浮剂或240g/L悬浮剂1 500倍液喷雾。

● 防治甘蓝田甜菜夜蛾：每公顷用24%悬浮剂36～72g对水50kg喷雾。

● 防治棉铃虫：亩用24%悬浮剂或240g/L悬浮剂50～80ml，对水50L喷雾，10～14天后再喷1次。

②防治果树害虫。

● 防治苹果树小卷叶蛾：用24%悬浮剂或240g/L悬浮剂3 000～5 000倍液喷雾，于卵孵化盛期或在新梢抽发时低龄幼虫期施药1～2次，间隔期7天。

● 防治苹果蠹蛾、苹果食心虫等：亩用24%悬浮剂12～16g，于成虫开始产卵前或害虫蛀果前施药，重发生区建议用最高推荐剂量，间隔10～18天后再喷1次。安全间隔期为14天。

● 防治苹果树金纹细蛾：用24%悬浮剂80～100mg/kg浓度喷雾。

③防治水稻害虫。防治水稻二化螟、稻纵卷叶螟：亩用24%悬浮剂20.8～27.8g，对水50～100L喷雾，在双季稻为主的地区，宜于蚁螟孵化高峰前2～3天施药。为防治虫伤株、枯孕穗和白穗，可于蚁螟孵化始盛期至高峰期施药。

④防治棉花棉铃虫。每公顷用24%甲氧虫酰肼悬浮剂200～300g对水50kg喷雾。

⑤防治烟草害虫。防治烟蚜、夜蛾亩用24%悬浮剂56～83ml对水喷雾。

（3）安全间隔期。甘蓝的安全间隔期为7天，一季最多使用4次；苹果树的安全间隔期为70天，一季最多使用2次；水稻的安全间隔期为60天，一季最多使用2次。

（4）注意事项。欧盟建议更新替代候选产品——杀虫剂甲氧虫酰肼仅用于温室茄果类蔬菜，注意该物质在土壤中的累积效应。

● 存储于阴凉、干燥、通风、防雨处，远离火源，勿与食品、饲料、种子、日用品同贮同运。

● 勿与碱性农药、强酸性药剂混用。混用前应先将预混的药剂按比例在容器中混合，用力摇匀后静置15分钟，若药液迅速沉淀而不能形成悬浮液，则表明混合液不相容，不能混合使用。可与其他药剂如与杀虫剂、杀菌剂、生长调节剂、叶面肥等混用。

● 不适宜灌根等任何浇灌方法。使用前先将药剂充分摇匀，先用少量水稀释，待溶解后边搅拌边加入适量水。喷雾务必均匀周到。

● 施药应掌握在卵孵盛期或害虫发生初期。

● 为防止抗药性产生，建议与其他作用机理机制不同的药剂交替使用。

● 甲氧虫酰肼与虫螨腈、阿维菌素、甲氨基阿维菌素苯甲酸盐、茚虫威、乙基多杀霉素、吡蚜酮等杀虫药剂可复配。如10%阿维·甲虫肼悬浮剂、12%甲氧·虫螨腈悬浮剂等。

● 本品对家蚕高毒，在桑蚕和桑园附近禁用。

● 对鱼类毒性中等。禁止在水体中清洗施药器具，避免污染水塘等水体。用过的容器妥善处理，不可做他用，也不可随意丢弃。

● 对皮肤和眼睛有刺激性。施药时应穿戴工作服、手套、面罩等，避免人体直接接触药剂，施药期间不可吃东西、饮水等。不慎入眼，应立刻用大量清水冲洗不少于15分钟，如佩戴隐形眼镜，应冲洗1分钟后摘掉隐形眼镜再冲洗几分钟。不慎溅入皮肤，应立即用肥皂及大量清水冲洗。不慎误吸，应将患者转移至空气清新处。不慎误服，不要自行引吐，立即就医。

● 孕妇和哺乳期妇女应避免接触本品。

氯虫苯甲酰胺（Chlorantraniliprole）

分子式$C_{18}H_{14}B_{r}Cl_{2}N_{5}O_{2}$

分子量483.15

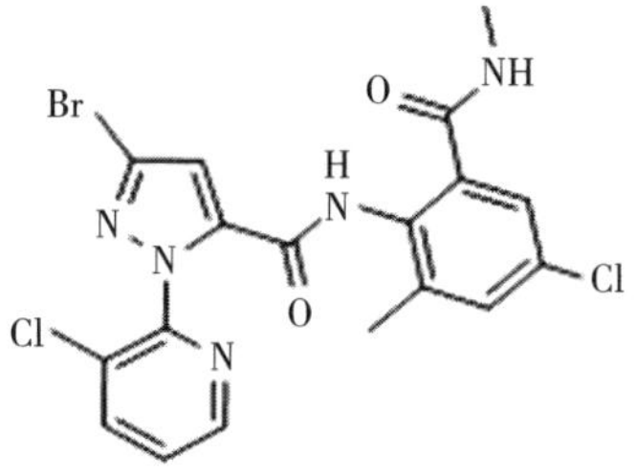

氯虫苯甲酰胺又称康宽，是由杜邦公司开发成功的卓越高效广谱、低毒的鳞翅目、主要甲虫和粉虱杀虫剂，主要通过能高效激活昆虫鱼尼丁（肌肉）受体，抑制昆虫取食，引起虫体收缩，最终导致害虫瘫痪死亡（24~72小时内死亡）。对鳞翅目害虫的幼虫活性高（比其他产品高出10~100倍），可导致某些鳞翅目昆虫交配过程紊乱，降低多种夜蛾科害虫的产卵率，速效性（7分钟停止取食）和持效性（约两周）好，耐雨水冲刷，具有较强的渗透性，能穿过传导至未施药的其他部位，在低剂量下就有可靠和稳定的防效，给作物提供即刻和长久的保护。氯虫苯甲酰胺对鳞翅目的夜蛾科、螟蛾科、蛀果蛾科、卷叶蛾科、粉蛾科、菜蛾科、麦蛾科、细蛾科等均有很好的控制效果，如黏虫（亚热带黏虫，草地黏虫，黄条黏虫，西部黄条黏虫）、棉铃虫、番茄蠹蛾、番茄小食心虫、天蛾、庭园网螟、马铃薯块茎蛾、小菜蛾、粉纹夜蛾、甜菜夜蛾、苹果蠹蛾、桃小食心虫、梨小食心虫、蔷薇斜条卷叶蛾、苹小卷叶蛾、斑幕潜叶蛾、金纹细蛾、菜青虫、欧洲玉米螟、亚洲玉米螟、甜瓜野螟、瓜绢螟、瓜野螟、烟青虫等，还能防治鞘翅目象甲科、叶甲科、双翅目潜蝇科、烟粉虱等多种非鳞翅目害虫，还可防治水稻主要害虫如稻纵卷叶螟、水稻螟虫、二化螟、三化螟、大螟、稻瘿蚊、稻水象甲以及对有些水稻杀虫剂产生抗性的害虫有特效，对黑尾叶蝉、胡椒象甲、螺痕潜蝇、美洲斑潜、烟粉虱、马铃薯象甲也有很好的防治效果。

（1）剂型。200g/L（20%）悬浮剂、5%悬浮剂、5%悬浮剂、35%水分散粒剂。

（2）使用方法。

①防治水稻害虫。

● 防治水稻二化螟、三化螟：亩用20%悬浮剂5~10ml，对水对水稻均匀喷雾进行防治或于卵孵盛期至幼虫1~2龄期，亩用200g/L悬浮剂10g，对水30~60kg，进行常规喷雾。害虫严重发生时，10天后再施药1次。施药时田间应有水层，对稻飞虱有一定抑制效果。

● 防治稻纵卷叶螟：亩用20%悬浮剂10ml，用背负式手动喷雾器喷2桶，常规喷雾或于卵孵盛期至幼虫1～2龄期，亩用20%悬浮剂10g，对水30～60kg常规喷雾。

②防治十字花科蔬菜的小菜蛾、甜菜夜蛾：于卵孵高峰期，亩用5%悬浮剂30～55g，对水常规喷雾。害虫发生严重时，7天后再施药1次。

③防治果树害虫。

● 苹果金纹细蛾：用35%水剂或35%水分散粒剂，对水稀释17 500～25 000倍液均匀喷雾。在蛾盛期和蛾产卵初期施药，间隔14天再喷1次。

● 防治桃小食心虫：用35%水剂或35%水分散粒剂，对水7 000～10 000倍液均匀喷雾。

（3）安全间隔期。蔬菜类最多使用5%悬浮剂3次，安全间隔期为1天；水稻类最多使用20%悬浮剂3次，安全间隔期为7天；水果类最多使用35%水剂3次，安全间隔期为14天。

（4）注意事项。

● 该农药属微毒级，对施药人员非常安全。

● 持效期可达15天以上，对农产品无残留影响，同其他农药混合性能好。

● 气温高、田间蒸发量大时，宜选择早上10：00以前，16：00以后用药，可减少用药量，还可以增加作物的受药液量和渗透性，有利于提高防治效果。用弥雾或细喷雾喷雾效果更好。

● 该产品耐雨水冲刷，喷药2小时后下雨，无须再补喷。

● 为避免该农药抗药性的产生，一季作物或一种害虫宜使用2～3次，每次间隔时间在15天以上。

● 对有益节肢动物如鸟、鱼虾等水生动物和蜜蜂低毒。

灭蝇胺（Cyromazine）

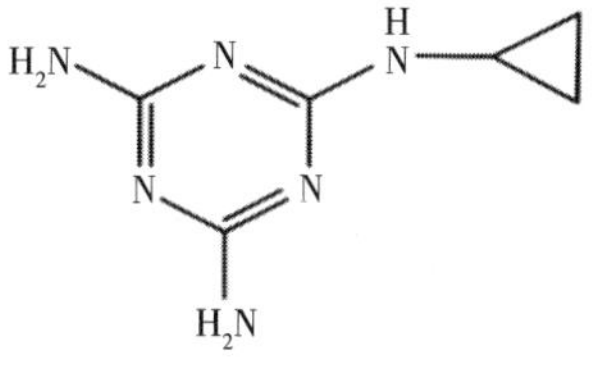

H_2N N H N N N H_2N

分子式$C_6H_{10}N_6$

分子量166.2

灭蝇胺是一种独特的低毒昆虫生长调

节剂，具有触杀和胃毒作用，以及强内吸传导性和非常强的选择性，对双翅目幼虫有特殊活性，可诱使双翅目幼虫和蛹在形态上发生畸变，成虫羽化不全或受抑制，对重要益虫如瓢虫、食蚜蝇和寄生蜂具有良好的选择性。可有效控制多抗性蝇株及其他有害昆虫灭绝，可作为饲料添加剂，持效期较长，与其他药物无交叉耐药性，作用迅速高效，使用安全、无残留，对环境无污染，成本低廉。适用于多种瓜果蔬菜，主要用于防治各种瓜果类、茄果类、豆类、多种叶菜类蔬菜和花卉上的美洲斑潜蝇、南美斑潜蝇、豆秆黑潜蝇、葱斑潜叶蝇、三叶斑潜蝇等多种潜叶蝇，韭菜及葱、蒜的根蛆（韭菜赤眼草蚊）等。此外，灭蝇胺可以与阿维菌素、杀虫单混配生产复配杀虫剂。

（1）剂型。10%悬浮剂、20%可溶性粉剂、50%可湿性粉剂、50%可溶性粉剂、70%可湿性粉剂、70%水分散粒剂、75%可湿性粉剂。

（2）使用方法。

①防治各种瓜果蔬菜的多种潜叶蝇。应于初见虫道时，用10%悬浮剂300～400倍液，或用20%可溶性粉剂600～800倍液，或用50%可湿性粉剂或50%可溶性粉剂1 500～2 000倍液，或用70%可湿性粉剂或70%水分散粒剂2 000～2 500倍液，或用75%可湿性粉剂2 500～3 000倍液均匀喷雾。7～10天1次，连喷2次，喷雾必须均匀周到。

● 黄瓜美洲斑潜蝇：亩用10%悬浮剂80～100ml；或用30%可湿性粉剂26.7～33.3g；或用50%可湿性粉剂25～30g；或用75%可湿性粉剂10～15g，对水均匀喷雾。

● 防治黄瓜斑潜蝇：亩用70%可湿性粉剂14～21g，对水均匀喷雾。

● 防治菜豆斑潜蝇：亩用20%可溶性粉剂40～60g；或用50%可溶性粉剂15～20g，对水均匀喷雾。

②防治根蛆。

● 防治韭菜根蛆：于害虫发生初期或每次收割一天后用70%水

分散粒剂2 000～2 500倍液浇灌或顺垄淋根一次。

● 防治葱、蒜根蛆：于害虫发生初期用药液浇灌或顺垄淋根。一般使用10%悬浮剂400倍液，或用20%可溶性粉剂800倍液，或用50%可湿性粉剂或50%可溶性粉剂200倍液，或用70%可湿性粉剂或70%水分散粒剂3 000倍液，或用75%可湿性粉剂3 500倍液浇灌或淋根，注意淋根用药时，用药液量要充足以充分淋渗到植株根部。

（3）安全间隔期。在黄瓜上的安全间隔期为2天，在菜豆上的安全间隔期为7天，每季作物最多使用2次。

（4）注意事项。

● 应存放于阴凉、干燥处。

● 勿与碱性药剂混用。

● 远离水产养殖区施药，禁止在河塘等水体中清洗施药器具。

● 注意与不同作用机理的药剂交替使用，以减缓害虫抗药性的产生。喷药时，可在药液中混加0.03%的有机硅或0.1%的中性洗衣粉喷淋，可显著提高防效。

● 孕妇及哺乳期妇女应避免接触该药。

螺虫乙酯（Spirotetramat）

分子式$C_{21}H_{27}NO_5$

分子量373.443

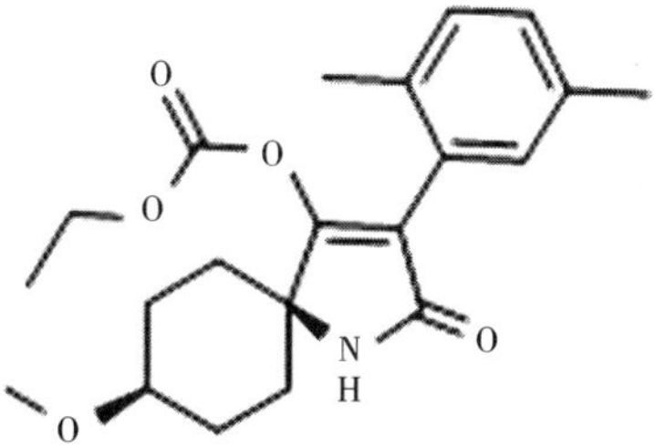

O
O
O
N
H
O
O

螺虫乙酯是一种新型高效低毒广谱的季酮酸类杀虫剂，主要是通过干扰昆虫的脂肪生物合成，阻断能量代谢而导致幼虫死亡，降低成虫的繁殖能力。螺虫乙酯的作用方式独特，是以胃毒作用为主，触杀作用为辅的杀虫剂，具有较强的双向内吸传导性能，可在植株体内上下传导，抵达叶面和树皮，可防治如生菜和白菜内叶上及果树皮上的害虫。这种独特的内吸性能可以保护新生茎、叶和根部，防止害虫的卵和幼虫生长。螺虫乙酯的持效期长，可长达8周，可有效防治各种刺吸式口器害虫，如蚜虫、蓟马、木虱、粉蚧、粉虱、红蜘蛛和介壳虫等，适用于棉花、大豆、柑橘、热带果树、坚果、葡萄、啤酒花、土豆和蔬菜等，对重要益虫如瓢虫、食蚜蝇和寄生蜂具有良好的选择性。由于其独特的作用机制，可有效地防治对现有杀虫剂产生抗性的害虫，也可作为烟碱类杀虫剂抗性管理的重要品种。

（1）剂型。25%悬浮剂、22.4%悬浮剂、240g/L悬浮剂。

（2）安全间隔期。柑橘20天，每个生长季最多施用1次；番茄40天，每个生长季最多施用1次；苹果树21天，每个季节最多施药2次。

（3）使用方法。

● 防治烟粉虱：于烟粉虱产卵初期，用25%悬浮剂2 000～2 500倍液或亩用22.4%悬浮剂20～30ml均匀喷雾。但烟粉虱成虫密度比较大时，可以和啶虫脒混配使用，以提高其速效性以及持效性。

● 防治柑橘树介壳虫：于介壳虫孵化初期，用240g/L悬浮剂4 000～5 000倍液喷雾。

● 防治苹果树绵蚜：应在苹果落花后绵蚜产卵初期，用22.4%悬浮剂3 000～4 000倍液在叶片上均匀喷雾。喷雾药液时应将药液喷雾在作物叶片上，并使作物叶片充分均匀着药。

● 防治柑橘树红蜘蛛：用240g/L悬浮剂4 000～5 000倍液喷雾。

● 防治梨木虱：于一代若虫发生盛期或二代以后以若虫为主时，用22.4%悬浮剂5 000倍液喷雾。

（4）注意事项。

● 螺虫乙酯以胃毒作用为主，触杀作用为辅，因此，施用时应均匀喷雾，使作物叶片和树干、枝条等充分着药。

● 为了避免和延缓抗性的产生，建议与其他不同作用机制的杀虫剂轮用，同时应确保无不良影响。建议加入一定量的专用助剂，以改善渗透性，提高防治效果。

● 大风天或预计1小时内降雨时，请勿施药。

● 在配制和施药时，应穿防护服、戴手套、口罩，严禁吸烟和饮食。

● 避免误食或溅到皮肤、眼睛等处，如不慎溅入眼睛，应用大量清水冲洗。不慎溅到皮肤应用肥皂和足量清水冲洗。药后应用肥皂和足量清水冲洗手部、面部和其他身体裸露部位，及时清洗受药剂污染的衣物等。

● 对家蚕、蜜蜂、鸟低毒，对鱼中等毒，应远离水产养殖区、河塘等水体附近施药，禁止在河塘等水域中清洗施药器具。

● 妥善处理盛装过本品的容器，空包装应三次清洗并砸烂或划破后妥善处理，切勿重复使用，并将其置于安全场所。

● 孕妇及哺乳期的妇女应避免接触。

乙基多杀菌素（Spinetoram）

分子式$C_{42}H_{69}NO_{10}$
分子量748.004

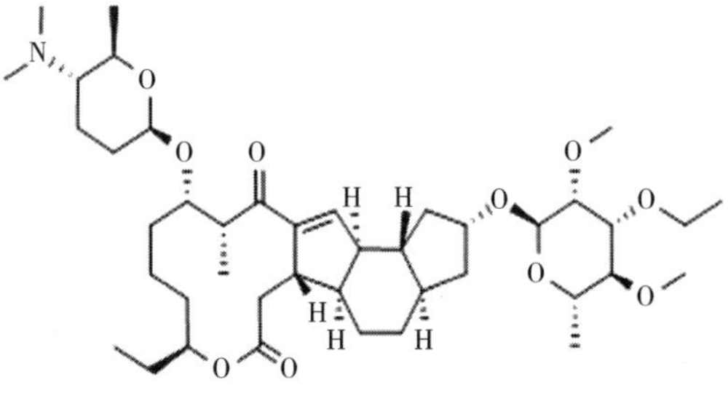

乙基多杀菌素又名艾绿士，是一种新型高效广谱性刺糖菌素（spinosyn）类杀虫剂的一个新成员，是由天然产物多杀菌素经化学

修饰而得，具有全新的、独特的有效成分，具有触杀和胃毒特性，速效性好（几分钟至数小时见效），持效期长，比多杀菌素（菜喜）活性更高，显著较灭多威、拟除虫菊酯类杀虫剂好，可与新出现的杀虫剂如茚虫威、甲维盐等媲美，杀虫谱更广，对香蕉花蓟马高效，与常规杀虫剂无交互抗性，安全（无慢性毒性）、高效，毒性比阿维菌素还低100倍，与土壤及有机质结合能力强，移动性弱，在土壤及自然水体中分解迅速，不会污染地下水及地表水；无挥发，无残留。可高效防治鳞翅目幼虫、蓟马和潜叶蝇等，对苹果蠹蛾、小菜蛾、甜菜夜蛾、菜青虫、潜叶蝇、果蝇、美洲斑潜蝇、蓟马、斜纹夜蛾、豆荚螟有较好的防治效果。适用于大面积防治稻纵卷叶螟，还可防治仓储害虫。

（1）剂型。6%悬浮剂、25%水分散粒剂。

（2）使用方法。

● 防治甜菜夜蛾：于苗期，喷施6%悬浮剂2 000倍液，药后10天防效仍达92.1%。

● 防治蓟马：6%悬浮剂2 000倍液喷施，药后7天的防效可达95%以上，速效性和持效性较好。

● 防治稻纵卷叶螟：于低龄幼虫期，亩用6%悬浮剂30ml，速效性和持效性胜过高龄幼虫期，但药后14天防效仍在85%以上，防效优异。

（3）注意事项。

● 对环境安全，对人及哺乳动物低毒，无慢性毒性，对鸟类、鱼类、蚯蚓和水生植物低毒；对蜜蜂几乎无毒；对田间蜘蛛、瓢虫等有益昆虫的影响是轻微的、短暂的。

● 无药害，速效性更好，几分钟至数小时见效，持效期更长。

● 耐雨水冲刷。

● 建议与其他药剂轮换使用，以延缓抗药性的产生。

● 施药时应做好个人防护。

六、杀虫农用抗生素

1. 阿维菌素（Avermectin）

分子式$C_{48}H_{72}O_{14}$（B1a）、$C_{47}H_{70}O_{14}$（B1b）

分子量B1a：873.09、B1b：859.06

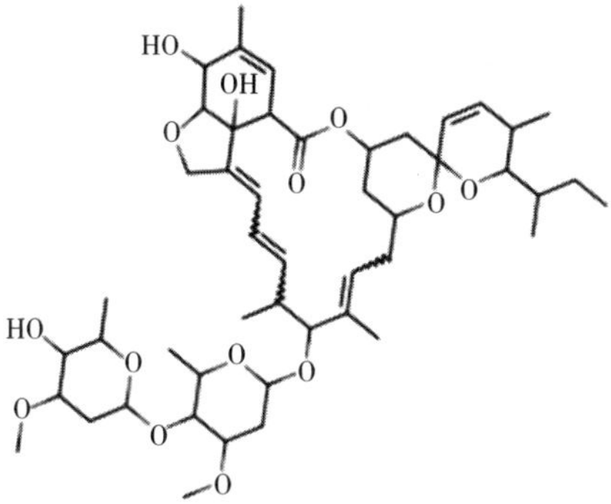

阿维菌素是一种被广泛使用的农用或兽用杀菌剂、杀虫剂、杀螨剂，也称阿灭丁。阿维菌素是一类具有杀菌、杀虫、杀螨、杀线虫活性的十六元大环内酯化合物，由链霉菌中阿维链霉菌（*Streptomyces avermitilis*）发酵产生。阿维菌素主要是通过干扰昆虫的神经生理活动，对节肢动物的神经传导有抑制作用，对螨类和昆虫具有胃毒和触杀作用，不能杀卵。螨类成虫、若虫和昆虫幼虫与阿维菌素接触后即出现麻痹症状，不活动、不取食，2～4天后死亡。因不能引起昆虫迅速脱水，所以阿维菌素致死作用较缓慢。阿维菌素对捕食性昆虫和寄生天敌虽有直接触杀作用，但因植物表面残留少，因此对益虫的损伤很小。阿维菌素在土内被土壤吸附不会移动，并且被微生物分解，因而在环境中无累积作用，对作物亦较安全，可以作为综合防治的一个组成部分。

（1）剂型。0.9%乳油、1.8%乳油、2%乳油、3.2%乳油、5%乳油、1%可湿性粉剂、1.8%可湿性粉剂、0.5%高渗微乳油、2%水分散粒剂、10%水分散粒剂等。

（2）使用方法。

● 防治小菜蛾、菜青虫：于低龄幼虫期用1 000～1 500倍2%阿维菌素乳油+1 000倍1%甲维盐，可有效地控制其为害，药后14天对小菜蛾的防效仍达90%～95%，对菜青虫的防效可达95%以上。

● 防治金纹细蛾、潜叶蛾、潜叶蝇、美洲斑潜蝇和蔬菜白粉虱等害虫：于卵孵化盛期和幼虫发生期，用3 000～5 000倍1.8%阿维菌素乳油+1 000倍高氯喷雾，药后7～10天防效仍达90%以上。

● 防治甜菜夜蛾：用1 000倍1.8%阿维菌素乳油，药后7～10天防效仍达90%以上。

● 防治果树、蔬菜、粮食等作物的叶螨、瘿螨、茶黄螨和各种抗性蚜虫：用4 000～6 000倍1.8%阿维菌素乳油喷雾。

● 防治蔬菜根结线虫病：亩用1.8%阿维菌素乳油500ml，防效达80%～90%。

（3）注意事项。

● 施药时要有防护措施，戴好口罩等。

● 对鱼高毒，应避免污染水源和池塘等。

● 对蚕高毒，桑叶喷药后40天还有明显毒杀作用。

● 对蜜蜂有毒，不要在开花期施用。

● 最后一次施药距收获期20天。

2. 甲氨基阿维菌素苯甲酸盐（简称：甲维盐）（Emamectin Benzoate）

分子式$C_{49}H_{75}NO_{13}C_7H_6O_2$

分子量1008.24

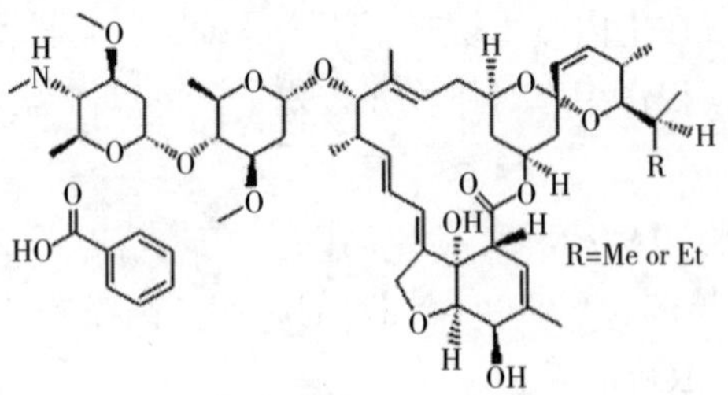

R=Me or Et

甲维盐是一种新型高效半合成抗生素杀虫剂，具有超高效、低毒（制剂近无毒）、低残留、无公害等生物农药的特点，比阿维菌素的杀虫活性提高了3个数量级，是目前国际唯一能取代5种高毒农药的新型、高效、广谱、低毒、安全、无抗药性、残效期长、无残留的生物杀虫杀螨剂，既有胃毒作用又兼触杀作用，扩大了杀虫谱，对螨类、鳞翅目、鞘翅目害虫活性最高，在非常低的剂量（0.084 ~ 2g/hm^2）下具有很好的效果，和土壤结合紧密，在环境中不积累，不易使害虫产生抗药性，但极易被作物吸收并渗透到表皮，使施药作物有长期残效，在10天以上又出现第二个杀虫致死率高峰，同时很少受环境因素如风、雨等影响，可与大部分农药混用。广泛用于蔬菜、果树、棉花、烟草、茶叶等农作物上的多种害虫的防治，尤其是对红带卷叶蛾、烟蚜夜蛾、烟草天蛾、小菜蛾、甜菜叶蛾、棉铃虫、烟草天蛾、旱地贪夜蛾、纷纹夜蛾、菜粉螟、甘蓝横条螟、番茄天蛾、马铃薯甲虫、墨西哥瓢虫等害虫具有超高效，降低了对人、畜的毒性，对益虫没有伤害，有利于对害虫的综合防治。

（1）剂型。0.2%、0.5%、0.8%、1%、1.5%、2%、2.2%、3%、5%、5.7%等甲维盐乳油，还有3.2%甲维氯氰复制制剂。

（2）使用方法。

● 防治玉米螟：于玉米心叶末期，亩用1%甲维盐乳油10 ~ 14ml，拌细沙（约10kg）撒入心叶丛最上面4 ~ 5个叶片内。

● 防治玉米、棉花和蔬菜上鳞翅目害虫：最高使用剂量为1%甲维盐乳油20 ~ 40g/亩喷雾。

● 防治蔬菜小菜蛾：用1%甲维盐乳油10 ~ 12g，对水50 ~ 60kg，于小菜蛾卵孵化盛期或低龄幼虫期喷雾使用。

● 防治蔬菜甜菜夜蛾、菜粉蝶、菜青虫、螟虫和斑潜蝇：亩用1%甲维盐乳油10 ~ 15ml，对水30 ~ 50kg喷雾使用。

● 防治棉花红蜘蛛、棉铃虫及其卵：亩用1%甲维盐乳油60 ~ 75ml，在其卵孵化期喷雾使用。

● 防治果实食心虫、桃蛀螟：亩用1%甲维盐乳油1 500 ~ 2 000

倍液，于卵孵化盛期或低龄幼虫期喷雾使用。

● 防治烟草烟青虫和天蛾：亩用1%甲维盐乳油60～75ml，于卵孵化盛期或低龄幼虫期喷雾使用。

● 防治稻纵卷叶螟：亩用1%甲维盐乳油50～60ml，于卵孵化盛期或低龄幼虫期喷雾使用。

（3）注意事项。

● 甲维盐遇酸、见光易降解。勿与酸性物质一起存放。避光保存。加入0.35%的抗分解剂wgwin®D902，可有效地防止甲维盐分解，同时能提高甲维盐对鳞翅目、螨类、鞘翅目及同翅目害虫的活性，提高药效。

● 禁止与百菌清、代森锌混用。与有机磷类或菊酯类农药混用，可表现出增效作用，在作物的生长期内间隔使用效果较好。

● 施药时要有防护措施，戴好口罩等。

● 对鱼类、水生生物敏感，对蜜蜂高毒，使用时避开蜜蜂采蜜期。不能在池塘、河流等水面用药，也不能让药水流入水域。

3. 浏阳霉素（Liuyangmycin）

分子式$C_{29}H_{55}N_5O_{18}$

分子量761.77

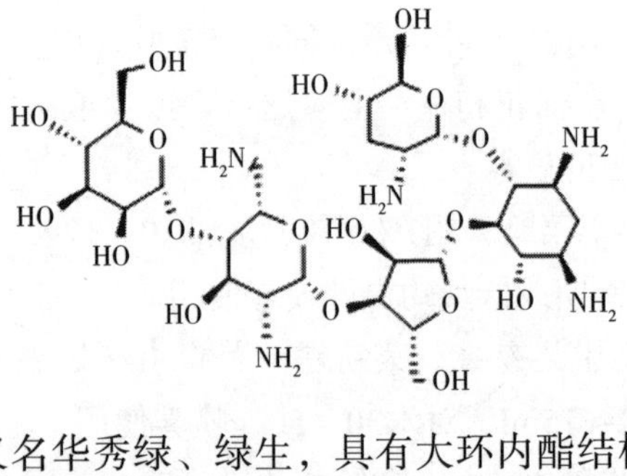

浏阳霉素又名华秀绿、绿生，具有大环内酯结构的抗生素，属低毒、低残留生物农药，对多种作物的叶螨具有亲脂性、良好的触杀作用，无内吸性，对成、若螨有高效，持效期7～14天，不能杀死螨

卵，对螨卵有一定的抑制作用，孵化出的幼螨大多不能成活；不杀伤捕食螨，害螨不易产生抗性，杀螨谱较广，对叶螨、瘿螨都有效，对顽固性害虫（小菜蛾、蓟马等）高效，与各类杀虫剂没有交互抗性，是治理蔬菜抗性害虫的首选药剂。与一些有机磷或氨基甲酸酯农药复配，有显著的增效作用。主要用于防治棉花、果树、蔬菜上和桑树害螨。

（1）剂型。20%复方浏阳霉素乳油、10%乳油。

（2）使用方法。

● 防治蔬菜小菜蛾：于低龄幼虫盛发期，用2.5%悬浮剂1 000～1 500倍液均匀喷雾，或亩用2.5%悬浮剂33～50ml对水20～50kg喷雾。

● 防治甜菜夜蛾：于低龄幼虫期，亩用2.5%悬浮剂50～100ml对水喷雾，傍晚施药效果最好。

● 防治蓟马：亩用2.5%悬浮剂33～50ml对水喷雾，或用2.5%悬浮剂1 000～1 500倍液均匀喷雾，重点在幼嫩组织如花、幼果、顶尖及嫩梢等部位。

● 防治辣椒二斑叶螨：于害虫发生初期，用10%乳油2 000～11 500倍液喷雾使用。

● 防治棉花红蜘蛛：于若螨发生初期，亩用10%乳油40～60ml，对水50～60kg喷雾。

● 防治苹果红蜘蛛、山楂红蜘蛛、柑橘害螨：用10%乳油1 000～1 500倍液喷雾。

（3）注意事项。

● 本品难溶于水，易溶于有机溶剂，存在于滤饼中。

● 本品以发酵方法制备，对紫外线敏感，阳光下暴晒1天，即可分解50%以上，7天分解100%。可在50℃贮存4周，不影响药效。加热至60℃保持30天稍有分解；傍晚施药效果最好。应避光存储于阴凉、干燥处。

● 与波尔多液等碱性农药应随用随配。

● 本品系触杀型杀螨剂，无内吸性，喷药时力求均匀周到，才能确保防治效果。连续施用2次，效果最佳。为延缓抗药性产生，每季以施用2次为宜。

● 与其他生物杀虫剂相比，施药后当天可见效果，安全采收期短，仅24小时，不会影响收获期的蔬菜及时上市。

● 药液分层是正常现象，不影响药效，使用前请摇匀。

● 对水生动物有毒，但对天敌昆虫及蜜蜂比较安全。施药时避免污染鱼池、湖泊、河流等水域。喷雾器内余液及洗涤液切勿倾入鱼塘。

● 该药对眼睛有轻微刺激作用，喷药时若溅入眼睛应立即用清水冲洗，一般24小时可恢复正常。操作人员应戴防护眼镜，做好个人防保。

● 包装及贮运：以一般农药规定贮运。

4. 华光霉素（Nikkomycin）

分子式$C_{20}H_{25}N_5O_{10}$

分子量531.5

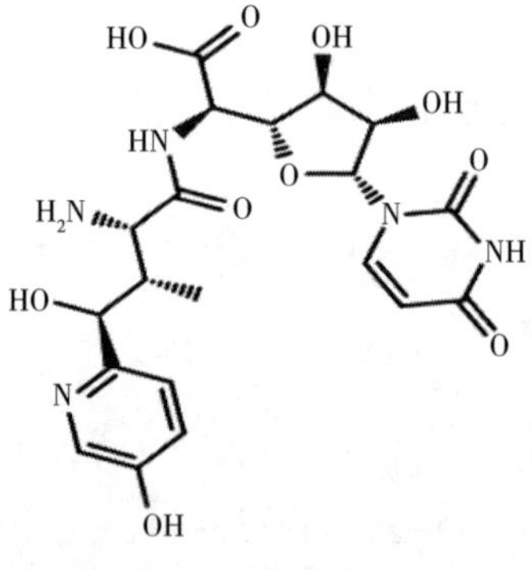

华光霉素又称日光霉素、尼柯霉素，是由唐德轮枝链霉菌经发酵提炼而得，是具有咪唑啉酮结构的抗生素类杀螨剂，对某些真菌性病害也有防治作用，属高效、低毒、低残留农药，对植物无药害，对人、畜低毒，对天敌安全。华光霉素主要通过干扰细胞壁几丁质的合成，抑制螨类和真菌的生长。主要用于防治害螨类，适用于防治苹果、柑橘、山楂、蔬菜、茄子、菜豆、黄瓜叶螨，防效80%以上。还可以防治西瓜枯萎病、炭疽病、韭菜灰霉病，苹果树腐烂病，水稻穗茎病，番茄早茎病，白菜黑斑病，大葱紫斑病，黄瓜炭疽病，棉苗立枯病等。

（1）剂型。10%乳油、2.5%可湿性粉剂。

（2）使用方法。

● 防治苹果树红蜘蛛：用2.5%可湿性粉剂650～1 300倍液喷雾。

● 防治柑橘全爪螨：用2.5%可湿性粉剂400～600倍液喷雾。

● 防治多种蔬菜叶螨：用2.5%可湿性粉剂用600～1 200倍液喷雾。

● 防治茶黄螨：用2.5%可湿性粉剂800倍液喷雾。

（3）注意事项。

● 本品干燥状态下稳定，在酸性（pH值2～4）溶液中较稳定，在碱性溶液中不稳定。严禁与碱性农药一起使用。

● 药剂应存储于阴凉、干燥、避光处。

● 避免在烈日下使用，宜于傍晚使用。

● 本品无内吸性，应现用现配，一次用完，喷雾要均匀周到。喷药后遇雨应及时补喷。持效期约25天。

● 本品杀螨作用较慢，应在叶螨发生初期施药效果才好，若螨的密度过高，效果不理想，需连续喷药2～3次。

5. 多杀霉素（Spinosad）

分子式$C_{42}H_{71}NO_9$

分子量734.014

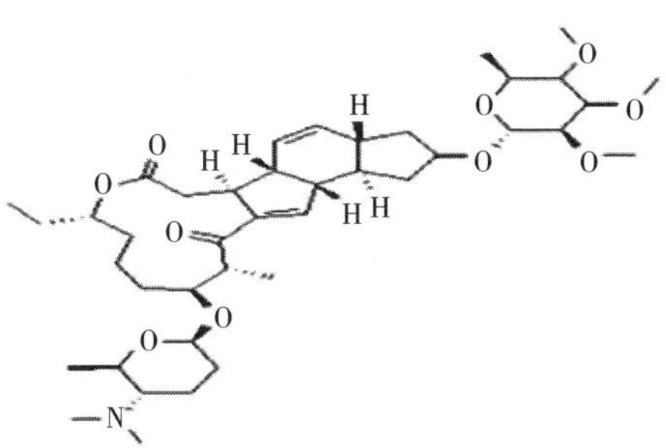

多杀霉素又名多杀菌素（Spinosad）是在多刺甘蔗多孢菌（*Saccharopolyspora spinosa*）发酵液中提取的一种大环内酯类无公害高效生

物杀虫剂，作用方式新颖，可以持续激活靶标昆虫乙酰胆碱烟碱型受体，但是其结合位点不同于烟碱和吡虫啉，可使害虫迅速麻痹、瘫痪，最后导致死亡。多杀霉素对害虫具有快速的触杀和胃毒作用，其杀虫速度可与化学农药相媲美，对叶片有较强的渗透作用，可杀死表皮下的害虫，残效期较长，无内吸作用，对一些害虫有一定的杀卵作用，对捕食性天敌昆虫和哺乳动物安全，且与目前常用杀虫剂无交互抗性，为低毒、高效、广谱、低残留的生物杀虫剂，适合于蔬菜、果树、园艺、农作物使用，能有效的防治鳞翅目、双翅目和缨翅目害虫，也能很好的防治鞘翅目和直翅目中某些大量取食叶片的害虫种类，对刺吸式害虫和螨类的防治效果较差。杀虫效果受下雨影响较小。应用时，未发现有药害。在环境中可降解，无富集作用，不污染环境。引起靶标植食性昆虫如毛虫、潜叶虫、蓟马和食叶性甲虫迅速死亡。

（1）剂型。2.5%、48%悬浮剂，并有BT及部分化学农药与之复配的产品。

（2）使用方法。多杀霉素主要通过喷雾防治害虫，诱杀橘小实蝇时则为点喷投饵。

● 防治小菜蛾：在低龄幼虫盛发期用2.5%悬浮剂1 000 ~ 1 500倍液均匀喷雾，或每亩用2.5%悬浮剂33 ~ 50ml对水20 ~ 50kg喷雾。

● 防治甜菜夜蛾：于低龄幼虫期，每亩用2.5%悬浮剂50 ~ 100ml对水喷雾，傍晚施药效果最好。

● 防治蓟马：于发生期，每亩用2.5%悬浮剂33 ~ 50ml对水喷雾，或用2.5%悬浮剂1 000 ~ 1 500倍液均匀喷雾，重点在幼嫩组织如花、幼果、顶尖及嫩梢等部位。

● 防治柑橘橘小实蝇：多采用点喷投饵的方用药以诱杀橘小实蝇。一般每亩喷投0.02%饵剂10 ~ 100ml。

（3）注意事项。

● 可能对鱼或其他水生生物有毒，应避免污染水源和池塘等。

● 贮存于阴凉干燥处。

● 对皮肤无刺激，对眼睛有轻微刺激，2天内可消失。

● 安全间隔期为7天。

● 杀虫效果受下雨影响较小。但应避免喷药后24小时内遇降雨。

● 应注意个人的安全防护，不慎溅入眼睛，立即用大量清水冲洗。不慎接触皮肤或衣物，用大量清水或肥皂水清洗。不慎误服，不要自行引吐，切勿给不清醒或发生痉挛患者灌喂任何东西或催吐，应立即将患者送医院治疗。

七、微生物源农药

1. 苏云金杆菌（Bacillus thuringiensis）

分子式$C_{22}H_{32}N_5O_{16}P$

分子量625.9

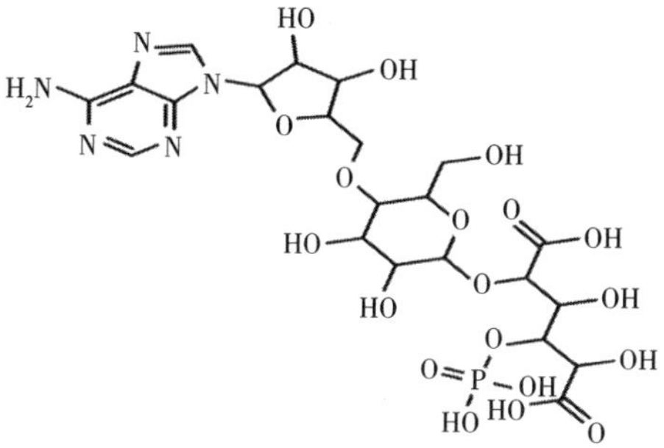

苏云金杆菌简称Bt、7216杀虫菌、Bt生物农药、Bt杀虫剂、敌宝、康多惠、快来顺等，其制剂是包括许多变种的一类产晶体芽孢杆菌，是一种无公害细菌性胃毒杀虫剂，害虫感染了这种细菌后，在虫体内产生毒素，使害虫致病死亡。由于该菌只能寄生在专门寄主上才能生长、繁殖，并在害虫体内产生内毒素并大量繁殖，害虫很快停止取食，导致害虫死亡。而不少害虫正是该菌适宜的寄主，因此该药杀虫谱广，选择性强，对人、畜安全，可用于防治直翅目、鞘翅目、双翅目、膜翅目害虫，特别是防治粮食作物、棉、苹果等作物的鳞翅目多种害虫、松毛虫、线虫、蜱螨等节肢动物，防治效果最佳。经专家优化配方，添加高效助剂，特别对已产生抗药性的鳞翅目幼虫有显著效果。

（1）剂型。粉剂、可湿性粉剂、悬浮剂、颗粒剂、干悬浮剂、油悬浮剂、水分散粒剂等。

（2）使用方法。

● 防治茶树害虫：亩用8 000国际单位/mg可湿性粉剂400～800倍液，或用2 000国际单位/ml悬浮剂250～300倍液喷雾。

● 防治果树害虫：亩用8 000国际单位/mg可湿性粉剂600～800倍液，或用2 000国际单位/ml悬浮剂200倍液喷雾。

● 防治瓜菜害虫：亩用8 000国际单位/mg可湿性粉剂100～150g，或用2 000国际单位/ml悬浮剂100～150ml，对水均匀喷雾。

● 防治水稻害虫：亩用8 000国际单位/毫克可湿性粉剂100～200g，或用2 000国际单位/ml悬浮剂150～200ml，对水喷雾。

● 防治玉米、高粱害虫：亩用8 000国际单位/毫克可湿性粉剂200～300g，或用2 000国际单位/ml悬浮剂250～400ml，对水喷雾。

● 防治薯类、豆类害虫：亩用8 000国际单位/mg可湿性粉剂100～200g，或用2 000国际单位/ml悬浮剂150～200ml，对水喷雾。

（3）注意事项。

● 存储于室内通风低温干燥，与食品原料分开储运。

● 勿与碱性农药混用。

● 与化学农药相比，安全性增强，但稳定性差，残效期短，杀虫速度慢，受施用环境影响较大。

● 应选择傍晚或阴天施药，尽量避免阳光直射，遇雨补喷，重点喷洒害虫喜欢咬食的新生部分、叶片背部等部位。

● 配药时须先用少量水和药剂搅拌均匀，再加入足量的水进行二次稀释后喷雾，效果更佳。

● 宜每隔10～15天重复使用一次，能更好地预防害虫发生。

● 本品应在害虫卵孵化盛期前或幼虫3龄前施药效果最佳。

● 桑园禁用，如误喷施，应在残效期后用清水反复冲洗且风干后使用。

● 本品可与三唑酮、井冈霉素、甲基托布津、福美双等杀菌剂混用。也可与吡虫啉、杀虫单、杀虫双、高效氯氰菊酯、溴氰菊酯等化学农药混用。

2. 青虫菌（*Bacillus thuringiensis* var. *entobactenin*）

青虫菌又名蜡螟杆菌二号，属好气性细菌性生物杀虫剂，是由苏云金杆菌蜡螟变种发酵、加工而成的制剂，其杀虫作用与杀螟杆菌、苏云金杆菌较相似，属细菌性杀虫剂，但对不同害虫的毒性稍有差异。青虫菌具有胃毒作用，无内吸作用，昆虫食入后很快停止进食。青虫菌产生的伴孢晶体能破坏害虫肠道引起瘫痪，芽孢（在虫体内有了适宜的条件）又迅速分裂繁殖，放出毒素；繁殖出来的大量杆菌破坏肠道后进入体腔，利用昆虫体液大批滋生，引起败血症，使害虫迅速死亡。同时，病虫粪便和死虫还具有传染性，引起风行病进而杀灭害虫，在毒杀害虫过程中本身还会大量繁殖。该菌杀虫谱广，尤其对鳞翅目类害虫效果明显，不宜用于防治刺吸口器的害虫，残效期长，但药效慢，施药后通常2～3天见效，甚至要4～5天，药效可维持7～10天，且药效受环境影响大。可用于蔬菜、水稻、玉米、果树、烟、茶和森林防治几十种害虫，对直接啃食花木茎叶的蝗虫、蓟马、天牛以及各种蛾蝶类害虫的幼虫有很强的除杀作用，对杀灭苍蝇的幼虫也有十分显著的效果。青虫菌不仅可以杀死坑蛆，还会大量繁殖毒杀苍蝇的卵及孵化的蛆。一般而言，喷洒一次菌液，可维持1～2个月的杀蛆效果，并保持防治效力。可牛、马的饲料中加进少量菌液，青虫菌就可繁殖并能抑制蝇、牛虻等在粪便中繁殖。对人、畜安全，无药害。对蜜蜂无害，对植物安全，对家蚕、柞蚕敏感。对高温有较强的忍耐力，在75℃、15分钟热处理不死亡。半孢晶体受热和酸碱处理不变性，长期保存不丧失效力，可与其他农药混用。由于毒杀害虫的速度较慢，应比一般化学农药稍提前使用。

（1）剂型。粉剂（每克含活孢子100亿以上）。

（2）使用方法。

● 防治菜青虫、小菜蛾、棉铃虫、玉米螟、灯蛾、刺蛾、瓜绢螟、大豆造桥虫、烟青虫、松毛虫、刺蛾、舟形毛虫、稻纵卷叶螟、稻苞虫、黏虫等农林害虫：亩用菌粉200～250g，500～1 000倍液喷雾，或每亩用250g菌粉，加20～25kg细土，配成毒土均匀撒施。加0.1%茶枯粉等黏着剂喷雾可提高杀虫作用。

● 防治小菜蛾幼虫、灯蛾幼虫、刺蛾幼虫等：亩用菌粉200～250g，对水500～1 000倍液，也可亩用250g菌粉与20～25kg细土拌匀，制成菌土，均匀撒施。

● 防治银纹蛾幼虫、甜菜夜蛾幼虫、各类粉蝶幼虫等：用菌粉500～800倍液喷雾。

● 防治黑纹粉蝶幼虫、粉斑夜蛾幼虫、大菜螟幼虫、菜野螟幼虫等：用菌粉1 000倍液喷雾。

● 防治甘薯天蛾、松毛虫等害虫：用菌粉300～500倍液均匀喷雾。

● 防治黏虫、棉铃虫：用菌粉500～600倍液均匀喷雾。

● 防治菜青虫、小菜蛾幼虫、橄榄夜蛾幼虫、甘蓝蚜、瓜（棉）蚜等：在青虫菌中加入10%氯氰菊酯乳油3 000～4 000倍液，混配喷雾。

● 杀灭苍蝇幼虫：用5g左右的土制菌粉先浸泡在250g左右的冷水里，连浸液和渣一起倒进大量繁殖蛆的粪坑里，经过1～2天就可以看到蛆大量死亡。即使出清粪坑，青虫菌仍能在新的粪便中继续不断繁殖，保持其防治效力。

（3）注意事项。

● 贮存于干燥阴凉处，避免水湿、暴晒、雨淋等。

● 对家蚕、蓖麻蚕、柞蚕有很强的毒性，禁止在养蚕区使用。对人、家畜、蜜蜂和植物无毒，对天敌无害，不污染环境。

● 本品杀虫击倒速度比化学农药慢，在施药前应做好病虫监测，掌握在卵孵化盛期及二龄前期喷药。为提高杀虫速度。可与一般性杀虫剂混合使用，具有增效作用，但不能与化学杀菌剂混用。

● 喷雾时可以加入0.5%～1%的洗衣粉或洗衣膏作黏着剂，可增加药液展着性。

● 本品的药效易受温度和湿度条件的影响，于20～28℃时防治效果较好。叶面有一定的湿度时同样可以提高药效。因此喷雾最好选择傍晚或阴天进行。喷粉在清晨叶面有露水时进行为好，中午强光条件下会杀死活孢子，影响药效。

● 喷雾要力求均匀、周到。

● 在蔬菜收获前1～2天停用。

3. 白僵菌

分子式$C_{45}H_{57}N_3O_9$

分子量783.949

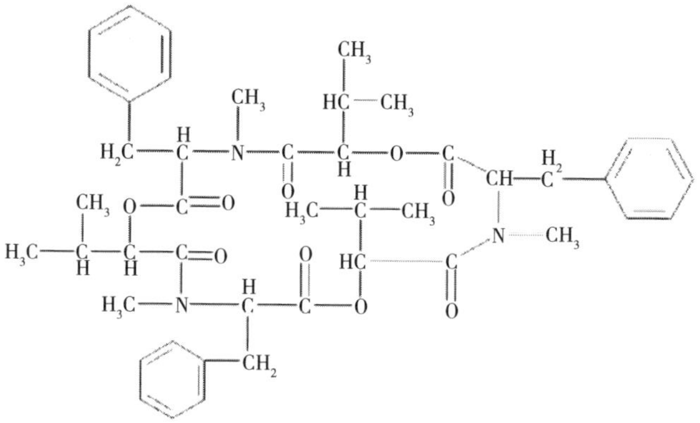

白僵菌是一种真菌性杀虫剂，分布范围很广，可以侵入15个目149个科的700余种昆虫及螨虫，主要寄生于鳞翅目、同翅目、膜翅目、直翅目多种昆虫和螨类。白僵菌的活孢子接触害虫后产生芽管，通过皮肤、气孔和消化道等途径侵入其体内，在适宜的温度条件下萌发，大量增殖，布满虫体全身，产生大量菌丝和分泌物，吸收昆虫体内营养和水分，使害虫新陈代谢紊乱致病，同时产生各种毒素，经

4～5天后死亡。死亡的虫体白色僵硬，体表长满菌丝及白色粉状孢子。孢子可借风、昆虫等继续扩散，侵染其他害虫，同时具有持续感染力，一经感染可连续侵染传播，形成循环侵染。连年使用，效果越来越高。白僵菌专一性强，对非靶标生物如瓢虫、草蛉和食蚜虻等益虫影响较小，因而整体田间防治效果更好。

白僵菌制剂对人、畜无毒，对作物及环境安全，无残留、无污染，但对多种害虫却有传染致病作用，而且不易产生抗药性，可与某些化学农药（杀虫剂、杀螨剂）同时使用，如与48%乐斯本等混用有明显的增效作用，是当前一种较好的高效生物杀虫剂之一，可广泛应用于近40种农林害虫，如森林害虫、蔬菜害虫、旱地农作物害虫等，对松毛虫、蛴螬等地下害虫有特效，还可防治蚜虫、粉虱、家蝇、介壳虫、白粉虱、蓟马、蜚蠊、蝗虫、蚱蜢、蟋蟀、棉铃象、棉跳盲蝽、玉米螟以及菜青虫、小菜蛾、棉铃虫等多种鳞翅目害虫、天牛、甘蔗金龟子、马铃薯甲虫、白蚁、茶小绿叶蝉、茶叶毒蛾、松针毒蛾、桃小食心虫、大豆食心虫、高粱条螟、甘薯象鼻虫、稻苞虫、稻叶蝉、稻飞虱等害虫。

（1）剂型。可湿性粉剂、粉剂（普通粉剂含100亿个孢子/g、高孢粉含1 000亿个孢子/g）、油悬浮剂、颗粒剂。

（2）使用方法。

● 防治森林害虫：主要采取地面或飞机喷洒白僵菌制剂的方式进行施药，也可在雨季森林叶部害虫幼虫集中的地方撒上白僵菌原菌粉，或配成含量为5亿孢子/ml的菌液，采集活虫在菌液中沾一下再放回树上，可促成白僵病在害虫间暴发。

● 防治蔬菜害虫：菌粉用水稀释配成每毫升含孢子1亿以上的菌液，在蔬菜上喷雾或喷粉；或将病死的昆虫尸体收集研磨，配成每毫升含活孢子1亿以上（每100个虫尸加工后，对水80～100kg）即可在蔬菜上喷雾。

● 防治松毛虫：用孢子150万～180万亿个对水喷雾，或采集发病死亡虫尸，放到松林中，扩大染病面积；或用每毫升含活孢子1亿个药液对水稀释喷雾。

● 防治玉米螟：可喷撒颗粒剂（或按1：10与煤渣混合），每株约2g，或灌菌液。油悬浮剂可用超低量喷雾。

● 防治桃蛀果蛾：于越冬代幼虫出土始盛期和盛期，亩用白僵菌菌剂（每克含100亿孢子）2kg加48%乐斯本乳油0.15kg，对水75kg，在树盘周围地面喷洒，喷后覆草，其幼虫僵死率达85.6%，并能有效地减少下代虫源。

（3）注意事项。

● 温度较高时菌粉会自然死亡而失效，应贮存在阴凉干燥处。

● 菌液应现配现用，配好后应于2小时内用完，颗粒剂也应随用随拌，以提高药效，避免过早萌发而失去侵染能力。

● 白僵菌能感染家蚕幼虫，形成僵蚕病。养蚕区不宜使用。

● 人体接触过多，有时会产生过敏性反应，出现低烧、皮肤刺痒等症状，施用时注意皮肤的防护。

● 不能与化学杀菌剂混用，但可加入少量洗衣粉或杀虫剂。

4. 绿僵菌（Metarhizium）

分子式$C_{30}H_{51}N_5O_7$

分子量593.755

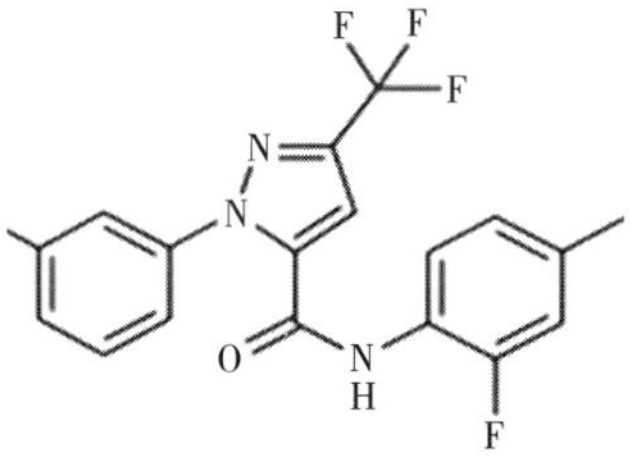

绿僵菌也称为黑僵菌，能寄生在30多科2 000种昆虫、蛾类及线虫体内，是一种分布广泛和宿主域宽的杀虫真菌剂，可防治的害虫达300多种。菌落最初为白色，产孢子时为橄榄绿色，故而得名绿僵菌，有金龟绿僵菌和黄绿绿僵菌等变种，生产上主要用金龟绿僵菌

来防治害虫。绿僵菌治虫主要是通过分生孢子附着于寄主体表，产生菌丝入侵，迅速繁殖，入侵各器官组织，分泌毒素，影响害虫中枢神经系统，破坏细胞结构，使组织脱水，引起死亡。虫尸的分生孢子继续在害虫种群中传播，形成重复侵染。一般情况下只要10%左右的害虫个体染病，就可控制整个群体。绿僵菌具有一定的专一性，对人、畜无害，同时还具有不污染环境、无残留、害虫不会产生抗药性等优点，但药效较慢。

绿僵菌是一种广谱的昆虫病原菌，应用其防治害虫的面积超过了白僵菌，防治效果可与白僵菌媲美。在农业上可用于蔬菜的地下害虫、水稻叶蝉及花生、甘蔗等的蛴螬防治；在畜牧业上可用于牧草蝗虫及地下害虫及白蚁的生物防治；在林业上可用于苗圃地下害虫、树木白蚁、蛀干及蛀果害虫等的生物防治。绿僵菌主要用于防治飞蝗、白蚁、地下害虫、蛀干害虫、桃小食心虫、小菜蛾、菜青虫、蚜虫等。绿僵菌的分生孢子比白僵菌的分生孢子具有较好的耐高温和耐旱性，分生孢子萌发的最适温度为28℃，在25～32℃杀虫效果较好，能适用于室内外，在防治桉树白蚁方面具有用量少、成本低，保证苗木成活率95%以上的特点。

（1）剂型。粉剂（含孢子23亿～28亿活孢子/g或150亿～200亿活孢子/g）、油剂、水剂、悬浮剂。

（2）使用方法。

①防治蝗虫。对飞蝗、土蝗、稻蝗、竹蝗等多种蝗虫有效，尤其对滩涂、非耕地的飞蝗有特效，一般于蝗蝻3龄盛期，亩用100亿孢子/g可湿性粉剂20～30g，对水喷雾，或亩用100亿孢子/ml油悬浮剂250～500ml，或用60亿孢子/ml油悬浮剂200～250ml，用植物油稀释2～4倍，进行超低容量喷雾，或将相同用量的菌剂喷洒在2～2.5kg饵剂上，拌匀后田间撒施。但该药速效性差，7～10天集中大量死亡，因而不宜在蝗虫大发生的年份或地区使用。

②防治蛴螬。

● 防治花生、大豆等蛴螬包括东北大黑鳃金龟子、暗黑金龟子、铜绿金龟子等的多种幼虫：可于中耕时，采用菌土或菌肥方式撒施防治，即亩用23亿～28亿孢子/g菌粉2kg，分别与细土50kg或有机肥100kg混匀后使用。

● 防治高尔夫草坪的蛴螬：可每平方米用6×100孢子/g菌粉30g，与细沙混拌均匀，在草坪打孔作业后，撒入草坪，再浇水，效果也很好，持效期达月余。

③防治小菜蛾和菜青虫。将菌粉加水稀释成每毫升含孢子0.05亿～0.1亿个的菌液喷雾。

④防治蛀干害虫。防治柑橘吉丁虫，于为害柑橘的“吐沫”和“流胶”期，用小刀在“吐沫”处刻几刀，深达形成层，再用毛笔或小刷涂刷菌液（2亿孢子/ml）或菌药混合液（2亿孢子/ml加45%杀螟硫磷乳油200倍液）。

⑤防治天牛。可喷洒2亿孢子/ml菌液；自配油剂可选用大豆油和煤油按3∶7体积的混合油与绿僵菌干粉配制。

（3）注意事项。

● 严禁与杀菌剂混用。

● 避免阳光直射。防治地上害虫应尽可能选择阴雨天施药，晴天一定要在傍晚时施药；防治地下害虫应及时覆土，不可将绿僵菌剂暴露在阳光下。

● 菌液要随配随用，存放时间不宜超过2小时，以免孢子过早萌发而失去治病的能力。与化学杀虫剂混用，也应随配随用，以免孢子受药害而失效。

● 土壤过于干燥会影响防治效果，务必保持土壤湿度。

● 家蚕养殖区严禁使用。

● 在虫口密度大的地区可适当提高用量，如饵剂可提高到每公顷3.75～4.5kg，以迅速提高其前期防效。

● 部分化学杀虫剂对绿僵菌分生孢子的萌发有抑制作用，且药液浓度越高，抑制作用越强，混用前须查阅有关资料或先行试验。如菌药混合使用：绿僵菌（含孢量为1.9×10^7个/ml）与2.5%敌杀死乳油（稀释6万倍），40%辛硫磷乳油（稀释1万倍），21%灭杀毙乳油（稀释2.5万倍）和25%灭幼脲悬浮剂（稀释1.5万倍）混用对马尾松毛虫有明显的增效作用。

5. 甜菜夜蛾核型多角体病毒（Spodoptera exigua nuclear polyhedrosis viruses，SeNPV）

核型多角体病毒是一类专性昆虫病毒杀虫剂，寄主范围较广，多在寄主的细胞核内发育，直到昆虫致死，故称核型多角体病毒。病毒也可通过卵传到昆虫子代。专化性强，一种病毒只能寄生一种昆虫或其邻近种群。病虫粪便和死虫再传染其他昆虫，使病毒病在害虫种群中流行，从而控制害虫为害。核型多角体病毒只能在活的寄主细胞内增殖，比较稳定（对浓酸不稳定），在无阳光直射的自然条件下可保存数年不失活。

甜菜夜蛾NPV生物杀虫剂是一种纯天然微生物农药，其有效成分甜菜夜蛾核型多角体病毒经科学配制而成，主要寄生鳞翅目昆虫。目前，应用最广的是甜菜夜蛾核型多角体病毒杀虫悬浮剂，包括病毒包涵体、昆虫特异性的生物增效剂、病毒光保护剂、分散剂、甘油等，用于防治蔬菜、大豆、果树和棉花等作物上的甜菜夜蛾和其他害虫，对人、畜及其他高等动物无害，无环境污染，无农药残留，能有效控制甜菜夜蛾的发生和为害，是绿色蔬菜和绿色农业产品生产中的理想生物制剂。剂型中加入的生物增效剂、光保护剂及其他辅料对人、畜和高等动物无害，适于在蔬菜上大量施用，并加快病毒杀虫速度，延长病毒在环境中的作用时间。

（1）剂型。3.5亿PIB/g甜菜夜蛾核型多角体病毒悬浮剂。

（2）使用方法。防治十字花科蔬菜甜菜夜蛾、斜纹夜蛾、小菜蛾、菜青虫等：于2～3龄幼虫发生高峰期用水悬剂1 000万孢子/ml甜菜夜蛾核型多角体病毒水悬剂，稀释750～2 000倍液常规叶面喷施，施药后3天开始出现防效，持效期7天。

（3）注意事项。

● 储存于阴凉干燥处，保质期2年。

● 可与其他非碱性杀虫剂混用，无交互抗性，可与多数杀虫、杀菌剂混用，提升其杀虫效果，延长持效期。

● 宜选择阴天或太阳落山后施药，避免阳光直射。喷药后遇雨需及时补喷，尽可能让药剂与害虫接触，提高防治效果。高温和虫口数量大时施用SeNPV，喷药前勿震动植株，避免幼虫滚落入土而药剂无法喷施到虫体。

● 建议尽量使用机动弥雾机均匀喷洒。作物的新生部分及叶片背面等害虫喜欢咬食的部位应重点喷洒，并喷洒地面和田块四周，达到全面覆盖。在番茄上应喷施于下部叶片；在菊花上如为1～2龄幼虫时，重点喷下部叶片，2龄后重点喷施于中、上部叶片。在田间第一次见到大量卵或初孵幼虫时，应立即施用，隔周施药1次，使田间始终保持高浓度的昆虫病毒，连续使用3次后，可有效控制田间的虫害发生。当虫口密度大、世代重叠严重时，宜酌情加大用药量及用药次数。

6. 小菜蛾颗粒体病毒（Plutellaxylostella granulosis virus，PxGV）

颗粒体病毒（GV）是寄生在昆虫中的一种杆状病毒，以蛋白质包涵体的形式存在，核酸为双链DNA。主要感染鳞翅目昆虫的真皮、脂肪组织及血细胞等。幼虫被感染后，食欲减退、体弱无力、行动迟缓、腹部肿胀变色，随即发生表皮破裂、流出腥臭、浑浊、乳白色脓液等症状。

小菜蛾颗粒体病毒（PxGV）是一种对小菜蛾起杀伤作用的颗粒体病毒，喷施到作物上被害虫取食后，病毒粒子大量复制增殖，并迅速扩散到害虫全身，急剧吞噬虫体组织，使害虫不食不动，生理失调，出现亚致死效应，最终全身化水而亡；喷施到虫卵上，即将孵化的幼虫咬食卵壳后也会因取食病毒而死亡。而且病毒粒子可通过死虫的体液、粪便继续传染至下一代或其他害虫，从而使田间害虫能够得到长期有效的控制。

小菜蛾颗粒体病毒（PxGV）可用于防治白菜、菜心、甘蓝、椰菜等十字花科蔬菜上的小菜蛾、菜青虫、银纹夜蛾和大菜蝴蝶，对小菜蛾特效，对化学农药和苏云金杆菌已产生抗性的小菜蛾也具有明显的防治效果，选择性强，不伤天敌，不易产生抗药性，病毒能够在数代害虫之间传播流行，后效作用显著，对人、畜及其他生物安全。小菜蛾病毒还可和Bt混合使用，具有增效作用。

（1）剂型。40亿HB/g小菜蛾颗粒体病毒可湿性粉剂、1亿PIB/g小菜蛾颗粒体病毒可湿性粉剂。

（2）使用方法。一般亩用40亿HB/g小菜蛾颗粒体病毒可湿性粉剂150～200g，对水喷雾；也可在害虫产卵高峰期用20m140亿HB/g小菜蛾颗粒体病毒可湿性粉剂对水15kg（稀释750倍液）喷雾。

（3）注意事项。

● 掌握温度。微生物农药的活性与温度直接相关，使用环境的适宜温度应当在15℃以上，30℃以下。低于适宜温度，所喷施的生物农药，在害虫体内的繁殖速度缓慢，而且也难以发挥作用，导致产品药效不好。通常，微生物农药在20～30℃条件下防治效果比在10～15℃间高出1～2倍。

● 把握湿度。微生物农药的活性与湿度密切相关。农田环境湿度越大，药效越明显，粉状微生物农药更是如此。最好在早晚露水未干时施药，使微生物快速繁殖，起到更好的防治效果。

● 避免强光。紫外线对微生物农药有致命的杀伤作用，在阳光直射30分钟和60分钟，微生物死亡率可达到50%和80%以上。最好选择阴天或傍晚施药。

● 避免雨水冲刷。喷施后遇到小雨，有利于微生物农药中活性组织的繁殖，不会影响药效。但暴雨会将农作物上喷施的药液冲刷掉，影响防治效果。施药前要根据当地天气预报，适时施药，避开大雨和暴雨，以确保杀虫效果。

● 病毒类微生物农药专一性强，一般只对一种害虫起作用，对其他害虫完全没有作用，如小菜蛾颗粒体病毒只能用于防治小菜蛾。

使用前要先调查田间虫害发生情况，根据虫害发生情况合理安排用药，适时用药。

八、专用杀螨剂

1. 联苯肼酯（Bifenazate）

分子式$C_{17}H_{20}N_2O_3$

分子量300.35

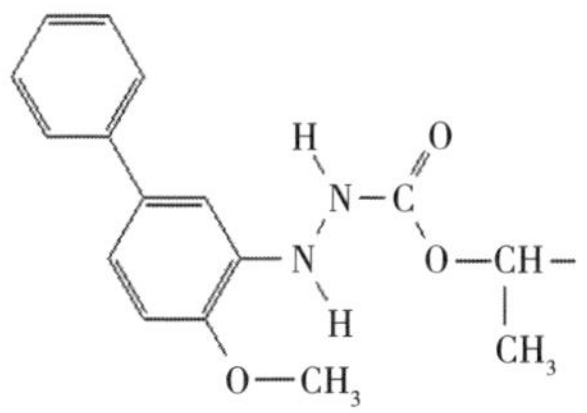

联苯肼酯商品名为爱卡螨，是一种新型酰基乙腈联苯肼类选择性叶面喷雾用杀螨剂，为神经抑制剂，杀螨谱广，击倒速度快，具有触杀作用，无内吸作用，害螨接触药剂后，很快停止进食、运动和产卵，72小时内死亡，持效期长（15～25天），对各活动期的螨都有效，且有杀卵活性和对成螨的击倒性，效果优于炔螨特。与其他杀螨剂尚未见有交互抗性。药效不受气候条件（如温度、光照、干湿度）影响。在推荐使用剂量范围内对作物安全，可在作物各生长期使用，对寄生蜂、捕食螨、草蛉低风险。主要用于果树、蔬菜、棉花、玉米和观赏作物防治各种螨类，对二斑叶蛾和全爪螨效果更好，还可防治McDaniel螨以及观赏植物的二斑叶螨和Lewis螨。

（1）剂型。24%悬浮剂、43%悬浮剂、50%悬浮剂、2.5%水乳剂。

（2）使用方法。

● 防治西瓜、哈密瓜二斑叶螨等红蜘蛛：用43%联苯肼酯悬浮剂1 500～2 500倍液均匀喷雾。

● 防治辣椒茶黄螨及茄果类、木瓜、木薯、花卉红蜘蛛：用43%联苯肼酯悬浮剂2 000～3 000倍液均匀喷雾。

● 防治苹果、梨树等红蜘蛛：用43%联苯肼酯悬浮剂2 000～3 000倍液均匀喷雾。

（3）安全间隔期。本品安全间隔期20天，每季作物最多使用2次。

（4）注意事项。

● 密封贮存于阴凉、干燥、通风、避雨处，远离火源和热源，注意避光、防高温及雨淋。

● 本品对捕食螨安全，但对蜜蜂和家蚕高毒，开花植物花期和桑园、蚕室附近禁用。

● 施药后的地块24小时内禁止放牧和畜禽进入。

● 建议与其他不同作用机制的杀虫剂轮换使用，以延缓抗药性产生。

● 勿与碱性农药等物质混合使用。可与合法的酸性、中性杀菌剂、杀虫剂、叶面肥混用，勿与硫酸亚铁和含硫酸亚铁的叶面肥混用。

● 对寄生蜂、捕食螨、草蛉低风险，对蜜蜂、家蚕低毒，但对鱼类高毒，对鸟中等毒。禁止在鸟类保护区使用；水产养殖区、河塘等水体附近禁用。禁止在河塘内清洗施药器具。用过的容器应妥善处理，不可作为他用，也不可随意丢弃。

● 使用本品应采取相应的安全防护措施，穿防护服戴防护手套、口罩等，避免皮肤接触及口鼻吸入。使用中不可吸烟、饮水及吃东西，使用后及时清洗手、脸等暴露部位皮肤并更换衣物。不慎入眼，应用大量清水或生理盐水冲洗至少15分钟，严重时立即就医。不慎溅到皮肤，应用水和肥皂彻底清洗。

● 禁止孕妇及哺乳期妇女接触。

2. 苯丁锡（Fenbutatin oxide）

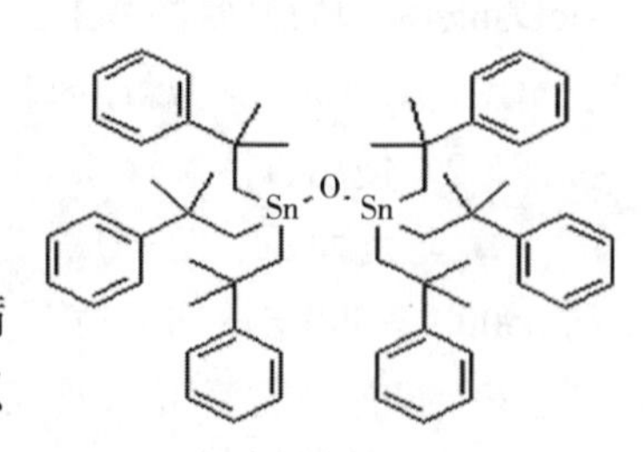

分子式$C_{60}H_{78}OSn_2$

分子量1052.6807

苯丁锡别名克螨锡、托尔克、杀螨锡，是一种有机锡类中等毒杀螨剂，以触杀作用为主，残效长，无内吸作用，能有效和持续地防治植食性螨类，对植物叶螨、瘿螨、锈螨有良好防效，对幼螨和成螨均有良好活性，对卵的作用较差。苯丁锡对有机磷抗性害螨无交互作用，对作物、天敌安全。在温度较高时使用，药效发挥良好。适用于苹果、柑橘、梨、葡萄、山楂、茶树、棉花、蔬菜、花卉等作物，也可用于防治观赏植物食性螨。

（1）剂型。50%可湿性粉剂。

（2）使用方法。

● 防治柑橘红蜘蛛和锈螨：用50%可湿性粉剂2 000 ~ 2 500倍液喷雾，锈螨用2 000倍液喷雾，叶螨、锈螨并发时可兼治。

● 防治山楂、苹果红蜘蛛：用50%可湿性粉剂1 000 ~ 1 500倍液喷雾。

● 防治茄子、豆类等蔬菜的叶螨：用50%可湿性粉剂1 500 ~ 2 500倍液喷雾。

● 防治茶树短须螨、橙瘿螨：用50%可湿性粉剂1 000 ~ 1 500倍液喷雾。

（3）安全间隔期。在柑橘上的安全间隔期为21天，每年最多使用2次。

（4）注意事项。

● 该药为感温型杀螨剂，当气温低于15℃时药效较差。

● 勿与碱性药剂混用。

● 使用该药时应穿戴防护服和手套，避免吸入药液；施药期间不可吃东西和饮水，施药后应及时洗手和洗脸。

● 该药对鱼类等水生生物有毒，对蜜蜂和鸟低毒。使用时要远离水产养殖区施药，禁止在河塘等水体中清洗施药器具。

● 该药对某些葡萄品种敏感，施药时避免药液飘移到上述作物上。

3. 喹螨醚（Fenazaquin）

分子式$C_{20}H_{22}N_2O$

分子量306.4

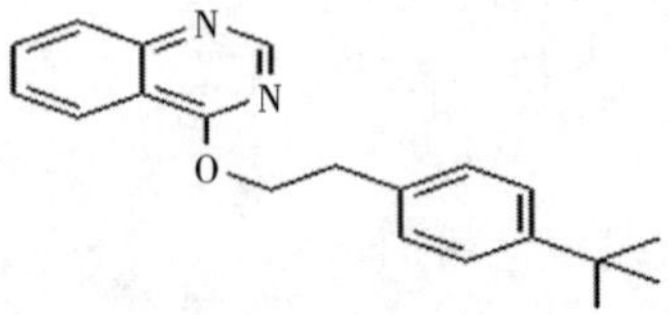

喹螨醚是一种具有呼吸代谢抑制作用的喹唑啉类中等毒性杀螨剂，对害螨具有触杀和胃毒作用，对成螨、幼若螨都有很高的活性，对夏卵也有活性，药效发挥较快，持效期长；主要通过抑制线粒体电子传递链，导致害螨中毒死亡；主要用于防治苹果、梨、桃、柑橘、葡萄、西瓜、黄瓜、番茄、辣椒、草莓等作物的害螨。以25～250mg/L用于扁桃（杏仁）、苹果、柑橘、棉花、葡萄和观赏植物上，可有效地防治真叶螨、全爪螨和红叶螨以及紫红短须螨。该化合物亦具有杀菌活性。

（1）剂型。95g/L乳油、10%悬浮剂、18%悬浮剂、20%悬浮剂、9.5%乳油、100g/L乳油、180g/L乳油。

（2）使用方法。

● 防治苹果红蜘蛛：于若螨开始发生时，用95g/L乳油4 000倍液喷雾，持效期达40天。

● 防治其他作物害螨：于若螨开始发生时，用95g/L乳油2 000～3 000倍液喷雾，持效期30天左右。

● 防治柑橘红蜘蛛：用95g/L乳油2 000～3 000倍液喷雾。

（3）注意事项。

● 防治梨木虱时与阿维菌素混用效果更明显。

● 用药最佳时机选在若虫发生初期。

● 喷雾时间避开风，雨天；喷药质量呈淋洗状，全树均匀着药。

● 药液配制需二次稀释。

● 对蜜蜂及水生生物低毒，避免直接施用于花期植物上和蜜蜂活动场所，避免污染鱼池、灌溉和饮用水源。

● 对皮肤和眼睛有刺激性，用药时应注意安全防护。不慎入眼，应立即用流水清洗15分钟并送医院；不慎溅到皮肤，应立即除去污染的衣服，并用大量的清水和肥皂冲洗，污染的衣物在彻底清洗后方可使用。不慎误服，患者神志不清或抽搐时不要轻易引吐，应立即送往医院诊治。

4. 螺螨酯（Spirodiclofen）

分子式$C_{21}H_{24}Cl_2O_4$

分子量411.32

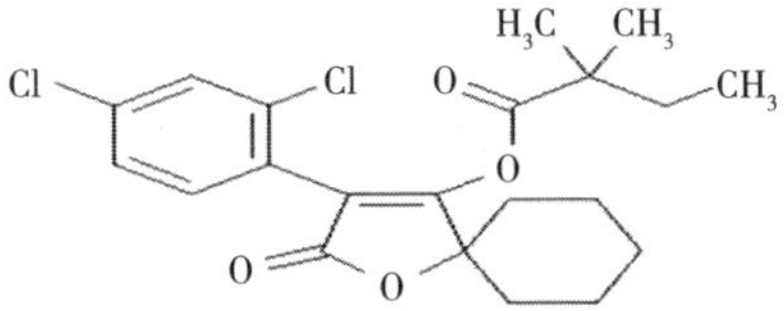

螺螨酯又名螨危，是一种季酮酸类杀螨剂，具触杀作用，无内吸性，对害螨的卵、幼螨、若螨具有良好的杀伤效果，对成螨无效，但具有抑制雌螨产卵孵化率的作用，持效期长，控制柑橘全爪螨为害达35～45天。螺螨酯的杀螨谱较广，适应性强，具有耐雨水冲刷的特点，喷药2小时后遇中雨不影响药效的正常发挥。对红蜘蛛、黄蜘蛛、锈壁虱、茶黄螨、柑橘全爪螨外、柑橘锈壁虱（锈螨）、山楂叶螨、朱砂叶螨和二斑叶螨等防治效果显著，可用于防治柑橘、葡萄等果树和茄子、辣椒、番茄等茄科作物的螨害。而且，对梨木虱、榆蛎盾蚧以及叶蝉类等害虫有很好的兼治效果。在不同气温条件下对作物非常安全，对人、畜及作物安全低毒，适合于无公害生产。与其他农药无互抗性，可与大部分农药（强碱性农药与铜制剂除外）现混现用。与其他作用机理不同的杀螨剂混用，既可提高螺螨酯的速效性，又有利于螨害的抗性治理。对其他杀菌剂不会产生交互抗性。

（1）剂型。34%悬浮剂、240g/L悬浮剂。

（2）使用方法。害螨发生初期时，先使用1～2次速效性杀螨剂（如哒螨灵、克螨特、阿维菌素等），5月上旬，使用34%螺螨酯悬浮剂4 000～5 000倍液喷施一次，可控制红蜘蛛、黄蜘蛛50天左右；如9—10月红蜘蛛、黄蜘蛛再次暴发时，可根据螨害情况与其他药剂混用，即可控制到采收。如果害螨发生中后期使用，为害成螨数量已经相当大，建议与速效性好、残效短的杀螨剂，如阿维菌素等混合使用，既能快速杀死成螨，又能长时间控制害螨虫口数量的恢复。但建议避开果树开花时用药。

（3）安全间隔期。柑橘树30天；每个生长季最多施用1次。

（4）注意事项。

● 考虑到抗性治理，建议在一个生长季（春季、秋季），螺螨酯的使用次数最多不超过两次。为避免害螨产生抗药性，建议与其他作用机制不同的药剂轮用。螺螨酯的主要作用方式为触杀和胃毒，无内吸性，因此喷药要全株均匀喷雾，特别是叶背及果实表面都要均匀喷洒。建议避开作物花期施药，以免对蜂群产生影响。

● 本品对鱼类等水生生物有毒，应远离水产养殖区施药，禁止在河塘等水体中清洗施药器具。

● 在配制和使用本品时，应穿防护服，戴手套、口罩，严禁吸烟和饮食。避免误食或溅到皮肤、眼睛。不慎入眼，请立即用大量清水冲洗。不慎溅到皮肤，应立即除去污染的衣服，并用大量的清水和肥皂冲洗，药后应用肥皂和足量清水冲洗手部、面部和其他裸露的身体部位以及药剂污染的衣物等。

5. 噻螨酮（Hexythiazox）

分子式$C_{17}H_{21}ClN_2O_2S$

分子量352.9

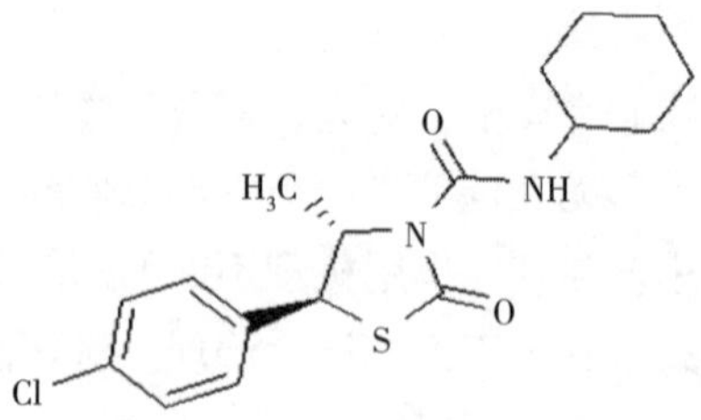

O NH H_3C N O S Cl

噻螨酮为噻唑烷酮类广谱杀螨剂，具高选择性，有胃毒作用，以触杀作用为主，对植物组织有良好的渗透性，无内吸性作用；对多种植物害螨具有强烈的杀卵、杀幼若螨的特性，对成螨无效，但对接触到药液的雌成虫所产的卵具有抑制孵化幼虫的作用，即使孵化也很快死亡。噻螨酮对嘲螨、全爪螨、叶螨等具有高的杀螨活性，对锈螨、瘿螨防效较差；对同翅目的飞虱、叶蝉、粉虱及介壳虫等害虫有良好的防治效果，对某些鞘翅目害虫和害螨也具有持久的杀幼虫活性。温度高低不影响使用效果，但作用缓慢，一般施药后3～7天才能看出效果，可防治果、林、茶、棉花、蔬菜、瓜类、豆类、花卉等多种作物上的叶螨，对半翅目的飞虱、叶蝉、粉虱及介壳虫类害虫有良好的防治效果，如水稻上的飞虱和叶蝉，茶、马铃薯上的叶蝉，柑橘、蔬菜上的粉虱，柑橘上的盾蚧和粉蚧。持效期可保持50天左右。对农作物安全，对捕食螨的益虫安全，但在高温、高湿条件下，喷洒高浓度对某些作物的新梢嫩叶有轻微药害。可与石硫合剂、波尔多液等多种农药混用。噻螨酮与有机磷、阿维菌素、甲氰菊酯、三氯杀螨醇、哒蟠灵、炔螨特等混配成复配杀螨剂。

（1）剂型。5%乳油、5%可湿性粉剂。

（2）使用方法。

①在叶螨类发生初期开始均匀喷药，一般使用5%乳油或5%可湿性粉剂1 000～1 500倍液喷雾，保证药液量充足，并注意喷洒叶片背面。

②在幼螨、若螨盛发期，用5%乳油或5%可湿性粉剂1 500～2 000倍液均匀喷雾，收获前7天停止使用。

③防治果树害螨。

● 防治柑橘园全爪螨、始叶螨、六点始叶螨、裂爪螨等：可在春虫口密度低时，用5%乳油1 500～2 500倍液喷树冠，持效期30～50天。如有效期后，叶螨回升时，可选用速效杀螨剂交替使用。

● 防治桑园红蜘蛛：一般用5%乳油2 000～3 000倍液喷雾。

● 防治棉花红蜘蛛：亩用5%乳油60～80ml，对水60～75kg，喷雾。

④防治蔬菜叶蛾。亩用5%乳油60～100ml，对水喷雾。

⑤防治大豆和花生红蜘蛛。亩用5%乳油60～100ml，对水40～50kg，喷雾。

⑥防治玉米叶螨。用5%乳油1 500～2 000倍液喷雾。

⑦防治花卉红蜘蛛。用5%乳油2 500～3 000倍液喷雾。

（3）安全间隔期。在蔬菜收获前30天停用；在1年内，使用1次为宜。

（4）注意事项。

● 本剂可与波尔多液、石硫合剂等多种农药混用，但波尔多液的浓度不能过高。

● 本剂对成螨效果差，药效慢，应掌握在螨卵孵化至幼若螨盛发期进行或成螨数量较少时（初发生时）使用。螨害发生严重时，不宜单独使用本剂，最好与其他速效剂混用。

● 本剂无内吸性，要求喷药均匀周到。

● 为延缓抗药性产生，应与其他杀螨剂轮换使用。

● 在枣树上使用噻螨酮会引起严重落叶，须特别注意。

● 施药时应做好个人防护。

6. 四螨嗪（Clofentezine）

分子式$C_{14}H_8Cl_2N_4$

分子量303.15

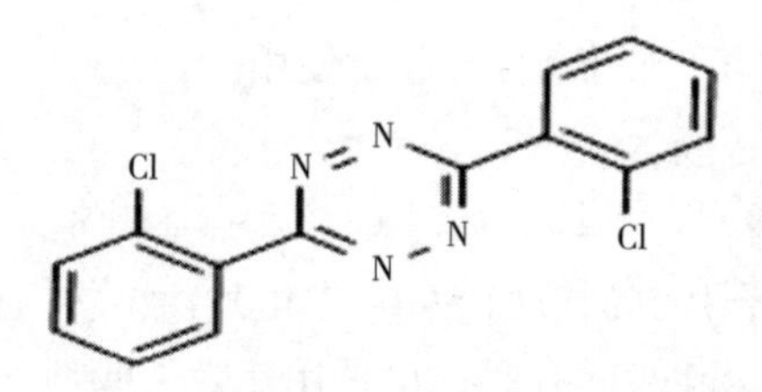

四螨嗪又名螨死净、阿波罗，是一种四嗪类胚胎发育抑制剂，属高效、低毒广谱杀螨剂，对害螨具有很强的触杀作用，无内吸作用，对螨卵活性高，对幼、若螨杀伤力也较强，对成螨无效。药效发挥较

慢，在螨初期施药，才能获得较理想防效，施药后14～21天才能达到防效高峰，持效期50～60天。主要用于防治果树、豌豆、柑橘、观赏植物、棉花等作物全爪螨属和叶螨属害螨，对榆全爪螨（苹果红蜘蛛）的冬卵特别有效，对捕食性螨和有益昆虫安全。

（1）剂型。50%乳油、10%可湿性粉剂、25%悬浮剂。

（2）使用方法。

● 防治苹果红蜘蛛：于开花前，越冬卵初孵期，用50%悬浮剂5 000～6 000倍液或50%可湿性粉剂1 000～1 500倍液喷施，持效期30～50天。谢花后1～2周，用50%悬浮剂2 000～3 000倍液喷施。

● 防治山楂红蜘蛛：于卵盛期用50%悬浮剂5 000～6 000倍液或50%可湿性粉剂1 000～1 500倍液喷施，效果良好，持效期30～50天。

● 防治柑橘红蜘蛛：早春开花前与温度较低时，用50%悬浮剂4 000～5 000倍液或50%可湿性粉剂1 000～1 500倍液喷施，持效期30～50天。

● 防治柑橘锈壁虱：于6—7月，柑橘出现个别受害果时，用50%悬浮剂4 000～5 000倍液或10%可湿性粉剂1 000倍液喷雾，持效期在30天以上。

● 防治朱砂叶螨：于卵盛期或初卵期用50%可湿性粉剂500～1 000倍液喷施，防效很好。

● 防治柑橘全爪螨、锈螨：于春梢抽出期或螨类发生初期，用20%悬浮剂1 600～2 000倍液喷雾。

● 防治茶橙瘿螨、茶叶瘿螨：于螨发生高峰前期，亩用20%悬浮剂50～75ml，加水稀释成1 000～1 500倍液喷雾。防治茶橙瘿螨，须将茶树冠面喷湿；防治茶叶瘿螨，则须将中下部叶背喷湿。

● 防治果园或葡萄园害螨：用50%乳油在冬卵孵化前喷药，能防治整个季节的植食性叶螨。

● 防治其他果树及经济作物害螨：在产卵盛期，用50%悬浮剂2 000～3 000倍液喷施。

（3）安全间隔期。安全间隔期为10天。

（4）与四螨嗪复配的混合杀螨剂。

● 阿维四螨：阿维菌素与四螨嗪复配的混合杀螨剂，产品有5.1%可湿性粉剂、10%悬浮剂。具有触杀和胃毒作用。防治柑橘害螨可用5.1%可湿性粉剂1 000～1 500倍液喷雾。防治苹果树的红蜘蛛，用10%悬浮剂1 500～2 000倍液喷雾。

● 17.5%苯丁四螨可湿性粉剂：由苯丁锡与四螨嗪复配而成。防治柑橘和苹果的红蜘蛛，可用制剂的1 000～1 500倍液喷雾。

● 20%炔螨四螨可湿性粉剂：由炔螨特与四螨嗪复配而成，具有触杀和胃毒作用，对成螨、卵、幼螨、若螨都有效，持效期长，杀螨谱广。防治柑橘红蜘蛛，可用制剂的1 000～2 000倍液喷雾。

（5）注意事项。

● 贮存于阴凉干燥环境中，防止冻结及强光直射。

● 难溶于水，对光、空气和热稳定，碱性条件下多水解。

● 与尼索朗有交互抗性，不能交替使用。可与大多数杀虫剂、杀螨剂和杀菌剂混用，但勿与石硫合剂和波尔多液等碱性农药混用。在螨的密度大或气温较高时施用最好与其他杀成螨药剂混用。在气温较低（15℃左右）和螨口密度小时施用，效果好，持效期长。

● 对人、畜低毒，对鸟类、鱼类、蜜蜂及捕食性天敌安全。

● 由于药效较慢，要做好前期预测预报，应提前2～4天用药。可用于A级绿色食品生产，安全间隔期苹果为30天。

7. 乙螨唑（Etoxazole）

分子式$C_{21}H_{23}F_2NO_2$

分子量359.4

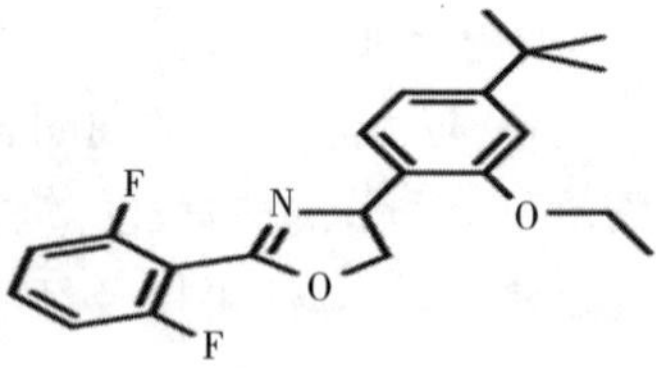

乙螨唑，商标名称为来福禄，是一种具有全新特殊结构的杀螨剂，属二苯基恶唑啉衍生物，无内吸性，为非感温性、触杀型、选择性杀螨剂，主要是通过抑制几丁质的合成，从而达到抑制螨

卵的胚胎形成以及从幼螨到成螨的蜕皮过程，对卵及幼螨有效，对成螨无效，对雌性成螨具有很好的不育作用，且持效期长（在果树上使用的持效期可达50天以上，在棉花、蔬菜、观赏植物上的持效期可以达到30天以上），与常规杀螨剂无交互抗性，最佳的防治时间是害螨为害初期，能有效防治现有杀螨剂产生抗性的害螨，且具有较好的耐雨水冲刷性，药后2小时如不遇大雨，无需补喷。使用剂量低，登记使用剂量5 000～7 500倍液，对环境安全，对益虫及益螨无危害或危害极小。主要防治苹果、柑橘的红蜘蛛，对棉花、花卉、蔬菜等作物的叶螨、始叶螨、全爪螨、二斑叶螨、朱砂叶螨等螨类也有卓越防效。

（1）剂型。11%悬浮剂、10%悬乳剂。

（2）使用方法。

● 防治柑橘红蜘蛛：于幼螨、若螨发生始盛期，用14.7～22mg/kg或110g/L悬浮剂稀释5 263～6 250倍液茎叶喷雾。每季最多施药2次，安全间隔期为21天。

● 防治棉花中后期棉叶螨：用11%的乙螨唑悬浮剂对水稀释3 500～5 000倍液进行喷施。建议使用乙螨唑或螺螨酯与阿维菌素复配防治。

● 害螨为害初期，用11%的乙螨唑悬浮剂对水稀释5 000～7 500倍液进行喷施。能有效地防治螨类的整个幼龄期（卵、幼螨和若螨）。持效期可达40～50天。复配阿维菌素或助剂使用效果更突出。

（3）注意事项。

● 难挥发，在土壤中易吸附；在水中pH值为7—9条件下较难水解，pH值为5条件下易水解；在水中难光解，土壤表面难光解。

● 碱性条件下稳定；冷、热贮存和常温2年贮存稳定。

● 对天敌生物如捕食螨的有害作用甚微，瓢虫、花蝽象无击倒作用。对鸟、蜜蜂、家蚕均为低毒，对蚤高毒，对鱼中等毒。使用时应注意远离河塘等水体施药，禁止在河塘等水域清洗施药器具。

8. 唑螨酯（Fenpyroximate）

分子式$C_{24}H_{27}N_3O_4$

分子量421.49

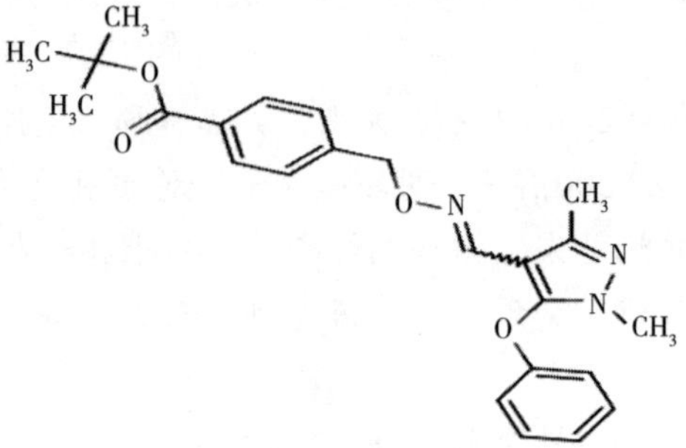

唑螨酯属肟类杀螨剂，具有强烈触杀作用，杀螨谱广，杀螨活性高，杀螨速度快，并兼有杀虫治病作用。主要通过干扰害虫的神经生理活动，抑制神经传导，与药剂接触后即出现麻痹症状，不活动不取食，2～4天后死亡。对虫卵、若螨、幼螨、成螨等各个生育期的害螨有特效，可迅速解除螨类为害，在虫害发生初期施药效果好，抗性风险低。高剂量时可直接杀死螨类，低剂量时可抑制螨类蜕皮或产卵，具有击倒和抑制蜕皮作用，无内吸作用，不受温度影响，正常使用技术条件下对作物安全，适用于多种植物上防治红叶螨和全爪叶螨。对小菜蛾、斜纹夜蛾、二化螟、稻飞虱、桃蚜等害虫及稻瘟病、白粉病、霜霉病等病害亦有良好防治作用，且持效期长。对其他药剂无交互抗性。

（1）剂型。5%悬浮剂、30%水乳剂。

（2）使用方法。

- 防治柑橘红蜘蛛：用5%悬浮剂25～50mg/L药液喷雾。
- 苹果红蜘蛛：用5%悬浮剂16～25mg/L药液喷雾。
- 防治果树、棉花、蔬菜红、黄、白蜘蛛：用5%悬浮剂2 800～3 300倍液喷雾即可达到最佳效果。
- 防治各种植食性螨类：推荐使用浓度为5%悬浮剂20～50mg/kg。

（3）安全间隔期。苹果树上的安全间隔期为15天，每个作物周期多使用2次。

（4）注意事项。

● 唑螨酯不能与波尔多液、石硫合剂等碱性物质混合使用。

● 避免长期单一使用，应与其他不同作用机制的杀虫剂交替使用。

● 喷雾应均匀、周到。视虫害发生情况间隔10～12天施药，连续施药2次。

● 大风天或预计1小时内降雨，请勿施药。

● 本品对鱼类等水生生物、家蚕有毒，蚕室和桑园附近禁用，远离水产养殖区施药，禁止在河塘等水体中清洗施药器具，使用时应注意对周围蜂群的影响。

第十三章　55种常用杀虫剂毒性等级及防治对象

一、有机磷杀虫剂

（一）毒死蜱（氯吡硫磷）

中等毒性，具有触杀、胃毒和熏蒸作用的广谱杀虫、杀螨剂。对植物有一定渗透作用，叶面药效可达5～7天，在土壤中药效期可达2个月，不能在蔬菜上使用，可用于稻、麦、棉、菜、果、茶等多种作物防治多种害虫。

（二）丙溴磷（溴氯磷）

中等毒性，具有触杀、胃毒、熏蒸和渗透作用的广谱杀虫剂、杀螨剂，可用于棉花、果树、蔬菜等作物，防治棉铃虫、钻心虫、潜叶蝇、飞虱、食心虫、蚜虫、叶螨等害虫。

（三）敌敌畏

中等毒性，具有熏蒸、胃毒和触杀作用，广谱速效，对咀嚼式口器和刺吸式口器防效好，击倒力强，易分解，持效期短。适于防治蔬菜、果树、林业、茶叶、棉花及临近收获期作物的害虫，也可用于防治蚊、蝇卫生害虫和仓库害虫。可防治蚜虫、叶螨、菜青虫、小菜蛾、斜纹夜蛾、卷叶蛾、网蝽、尺蛾、黏虫、叶蝉。烟剂可用于大棚。敌敌畏对高粱、月季花易产生药害，玉米、豆类、瓜类幼苗及柳树对敌敌畏敏感，应使用低浓度。

（四）二溴磷

中等毒性，具有胃毒、触杀、熏蒸作用的广谱杀虫、杀螨剂，作用迅速、击倒力强。可防治菜青虫、小菜蛾、潜叶蝇、叶甲、蚜虫、尺蛾、卷叶蛾、蚧类、网蝽、盲蝽、蓟马、叶螨等害虫，对高粱、大豆、瓜类敏感，易产生药害。

（五）敌百虫

低毒，具有胃毒和触杀作用，为广谱杀虫剂。具有渗透作用，适用于多种作物，但对玉米、瓜类幼苗、高粱、豆类特别敏感，苹果早期也较敏感，易产生药害。可用于林业、蔬菜、畜牧，防治蝽象、叶甲、种蝇、蝼蛄、地老虎、黏虫、菜青虫、小菜蛾、尺蛾等害虫。

（六）马拉硫磷

低毒广谱杀虫剂。具有良好的触杀和一定的熏蒸作用。可防治黏虫、蚜虫、叶蜂、食心虫、叶甲、盲蝽象、菜青虫、介壳虫、尺蛾、毒蛾等多种害虫。

（七）辛硫磷

低毒广谱杀虫剂，具有胃毒和触杀作用。对鳞翅目幼虫效果好。叶面喷洒药效期短，但在土壤中可长达1～2个月。可用于防治地下害虫。茎叶喷雾可防治蚜虫、菜青虫、蓟马、黏虫、叶蜂、卷叶蛾、粉虱、叶蝉、飞虱、棉铃虫、尺蛾等；防治地下害虫可拌种，制成5%毒沙撒入播种沟内，每亩用2.5kg毒沙；配成1.6%辛硫磷颗粒剂可防治玉米钻心虫；但黄瓜、菜豆对辛硫磷敏感，1 000倍液有轻药害。

二、氨基甲酸酯类杀虫剂

（八）异丙威

中等毒性，触杀剂，对飞虱、叶蝉防效好，可在保护地用烟剂防治蚜虫、粉虱等。

三、拟除虫菊酯杀虫剂

（九）甲氰菊酯

中等毒性，广谱杀虫、杀螨剂，可防治棉铃虫、蚜虫、卷叶蛾、盲蝽象、蓟马、菜青虫、小菜蛾、甜菜夜蛾、白粉虱、食心虫、叶螨等害虫。

（十）联苯菊酯

中等毒性的广谱杀虫、杀螨剂，具有触杀、胃毒作用，兼有驱避和拒食作用。可用于防治烟粉虱、棉铃虫、潜叶蛾、食心虫、叶螨、叶蝉等。

（十一）氯氟氰菊酯

中等毒性的广谱杀虫剂，具强烈的触杀和胃毒作用，兼有一定杀螨作用，也有驱避作用。可防治粉虱、棉铃虫、蚜虫、食心虫、椿象、菜青虫、小菜蛾、卷叶蛾、潜叶蛾、叶蝉等。

（十二）高效氯氟氰菊酯

中等毒性的广谱杀虫剂，具强烈的触杀和胃毒作用，兼有一定杀螨作用，也有驱避作用。可防治粉虱、棉铃虫、蚜虫、食心虫、椿象、菜青虫、小菜蛾、卷叶蛾、潜叶蛾、叶蝉等。

（十三）高效氯氰菊酯

低毒广谱杀虫剂，具触杀、胃毒作用，可用于防治蚜虫、棉铃虫、菜青虫、小菜蛾、食心虫、卷叶蛾、斑潜蝇等。

四、苯甲酰脲类杀虫剂（几丁质合成抑制剂）

（十四）灭幼脲

低毒，以胃毒为主兼有触杀作用，对鳞翅目和双翅目幼虫特效，对成虫无效，但能使成虫不育，卵不能正常孵化。可防治菜青虫、黏虫、玉米螟、潜叶蝇、尺蛾、毒蛾、灯蛾等。杀虫作用缓慢，但药效期长，可达15～20天。

（十五）氟啶脲

低毒，以胃毒为主，兼有触杀作用。对鳞翅目、直翅目、鞘翅目、膜翅目和双翅目多种害虫有效，对刺吸式口器害虫无效。可防治菜青虫、豆荚螟、棉铃虫、潜叶蛾、食心虫、尺蛾等害虫。

（十六）氟铃脲

低毒，广谱，击倒力强，具触杀、胃毒作用和拒食作用，具杀卵活性，持效期15天。可防治棉铃虫、小菜蛾、金纹细蛾、甜菜夜蛾。常用50%乳油1 500～2 000倍液。

（十七）氟虫脲

低毒杀虫、杀螨剂，具触杀和胃毒作用。可防治棉铃虫、豆荚螟、小菜蛾、红蜘蛛等。

（十八）虱螨脲

低毒，具有胃毒及一定触杀作用，兼有杀卵作用。可防治棉铃虫、甜菜夜蛾、豆荚螟、菜青虫、蓟马。

（十九）灭蝇胺

低毒，具有内吸传导作用，对双翅目害虫有特殊活性。可防治各种蝇，是防治斑潜蝇的好药。

五、蜕皮激素和保幼激素

（二十）虫酰肼

低毒，具有胃毒作用，刺激昆虫提早蜕皮，化学绝育。可防治蚜虫、叶蝉、潜叶蝇、蓟马、食心虫、卷叶蛾、甜菜夜蛾等。

（二十一）烯虫酯

低毒，具有极高的保幼激素活性，尤其对双翅目、鞘翅目害虫活性更为突出，可使成虫不育、不孵化、幼虫不能变为成虫。同类产品还有拟食肼，可加速蜕皮，甲氧虫酰肼、呋喃虫酰肼与虫酰肼的作用相同。

（二十二）噻嗪酮

低毒，触杀作用强，有一定胃毒作用，杀虫作用与脲类杀虫剂类似，可防治叶蝉、飞虱、粉虱、介壳虫。对白菜、萝卜有药害。

六、新烟碱类杀虫剂

（二十三）吡虫啉

中等毒性，具有内吸及胃毒作用，对刺吸式口器害虫效果好。可防治蚜虫、叶蝉、飞虱、粉虱、蓟马等。

（二十四）噻虫嗪

低毒广谱，具胃毒、触杀和强内吸作用。可防治蚜虫、叶蝉、飞虱、蓟马、粉蚧、蛴螬、叶甲、潜叶蝇、线虫等。

同类药还有：噻虫胺、氯噻啉、氟虫胺、烯啶虫胺、噻虫啉、哌虫啶等。

七、植物源杀虫剂

（二十五）烟碱

高等毒性，广谱，具触杀、胃毒和熏蒸作用，可防治蚜虫、蓟马、椿象、卷叶虫、菜青虫、飞虱、叶跳虫、大豆食心虫、潜叶蝇、潜叶蛾、食心虫、叶蝉、跳甲、螨等。

（二十六）苦参碱

低毒，广谱杀虫、杀螨剂，具有触杀和胃毒作用，对霜霉病也有效。可防治菜青虫、蚜虫、韭蛆、尺蛾、红蜘蛛、地下害虫、霜霉病、梨黑心病。

（二十七）印楝素

低毒，高效广谱杀虫剂，具拒食、忌避、触杀、胃毒、内吸和抑制昆虫生长的作用，可防治棉铃虫、小菜蛾、潜叶蝇、蝗虫、玉米螟、蓟马、金龟子等。剂型多，选择广。

八、微生物杀虫剂

（二十八）苏云金芽孢杆菌

低毒，广谱，细菌性杀虫剂，对多种鳞翅目害虫有效，防治小菜蛾、菜青虫、棉铃虫等。

（二十九）小菜蛾颗粒体病毒、菜青虫颗粒体病毒、甜菜夜蛾核型多角体病第、棉铃虫核型多角体病毒

低毒，广谱，病毒性杀虫剂，对多种鳞翅目害虫有效，可防治小菜蛾、菜青虫、棉铃虫、甜菜夜蛾等。

九、其他杀虫剂

（三十）阿维菌素

低毒，广谱，具触杀、胃毒和微弱的熏蒸作用。渗透作用强。可防治卷叶虫、小菜蛾、潜叶蝇、蚜虫、梨木虱、粉虱、螨类、棉铃虫等。

（三十一）甲氨基阿维菌素苯甲酸盐（简称：甲维盐）

低毒（制剂近无毒），广谱，具触杀、胃毒和微弱的熏蒸作用的杀虫杀螨剂，作用同阿维菌素。可防治小菜蛾、甜菜夜蛾、棉铃虫、卷叶虫、玉米螟、梨木虱、红蜘蛛、食心虫、盲蝽象等害虫。常用剂型有效成分含量变化较大，使用时按所购产品说明即可。

（三十二）吡蚜酮

低毒，具触杀和内吸作用，主要防治蚜虫、叶蝉、飞虱、粉虱。

（三十三）多杀菌素

低毒，广谱杀虫剂，具触杀和胃毒作用以及较强的渗透作用，杀虫迅速，对一些害虫还有杀卵作用。可防治鳞翅目、双翅目、缨翅目害虫和一些直翅目、鞘翅目害虫。对天敌安全，适合蔬菜、果树上使用。

（三十四）乙基多杀菌素

低毒，广谱杀虫剂，具有触杀和胃毒作用，有较强的渗透作用，杀虫迅速，对一些害虫还有杀卵作用。可防治小菜蛾、甜菜夜蛾、潜叶蝇、蓟马、豆荚螟、斜纹夜蛾等害虫。

（三十五）氰氟虫腙

微毒，胃毒作用为主。对鳞翅目、鞘翅目害虫防效好。

（三十六）氯虫苯甲酰胺

微毒，广谱，新型杀虫剂。对鳞翅目的夜蛾科、螟蛾科、蛀果蛾科、卷叶蛾科、菜蛾科等，鞘翅目的象甲科、叶甲科，双翅目的潜蝇科，同翅目的粉虱科等均有很好的控制作用，药剂渗透性强，可在木质部传导。

（三十七）氟虫双酰胺

低毒，主要用于防治鳞翅目害虫。

（三十八）唑虫酰胺

中等毒性，广谱杀虫、杀螨剂，触杀作用为主。可防治小菜蛾、跳甲、蚜虫、粉虱、蓟马、潜叶蝇、螨类和白粉病、锈病。

（三十九）螺虫乙酯

低毒，广谱，具内吸传导作用。可用于防治各种刺吸式口器的害虫。如烟粉虱、蚜虫、介壳虫、蓟马、螨类。

（四十）氰虫酰胺

微毒，广谱杀虫剂，比氯虫苯甲酰胺杀虫谱广，具渗透性内吸作用，对蓟马、跳甲、蚜虫、飞虱、盲蝽象、食心虫、卷叶虫都有效，还可以防治霜霉病。

（四十一）虫威

微毒，具触杀和胃毒作用，几乎对所有鳞翅目害虫都有效。

（四十二）乙虫腈

微毒，广谱，对各种口器害虫均有效持效期长，可用防治蓟马、椿象、象甲、蚜虫、飞虱、蛀虫、粉虱等。

（四十三）茚虫威

微毒，具触杀和胃毒作用，几乎对所有的鳞翅目害虫都有效。

（四十四）氟虫腈（氟苯唑）

中等毒性，广谱杀虫剂，胃毒为主，兼有触杀作用和一定的内吸作用。可用于叶面喷雾，也可处理土壤，对半翅目、鳞翅目、缨翅目、鞘翅目等多种害虫有效。

十、杀螨剂

（四十五）溴螨酯

微毒，杀螨谱广，触杀作用强，对成、若螨及卵均有一定作用。可用于各种作物，作物采摘前禁用。

（四十六）炔螨特（克螨特）

低毒，具触杀和胃毒作用，对成螨、若螨有效，对卵防效差。在任何温度下均有效，在高温下还有熏蒸作用，可防治各种螨类。

（四十七）苯丁锡

低毒，以触杀和胃毒作用为主，药效慢，但持效期长，可达2～5个月，对幼螨、成螨、若螨防效好，对卵效果差。为感温型杀螨剂。在22℃以上效果高。

（四十八）三唑锡

中等毒性，广谱，触杀作用强，对若螨、成螨和夏卵效果好，对冬卵无效。

（四十九）唑螨酯（霸螨灵）

中等毒性，广谱，具触杀、胃毒作用，速效性好，对各个生育期螨类都有效。

（五十）哒螨灵（哒螨酮、速螨酮）

低毒，触杀作用强，在20～30℃使用效果好。

（五十一）喹螨醚

中等毒性，具触杀和胃毒作用。可防治各种果树害螨，对二斑叶螨、苹果叶螨、山楂叶螨防效好，尤其对卵效果好。

（五十二）华光霉素

微毒，杀螨杀菌剂，可防治二斑叶螨、山楂叶螨、枯萎病、炭疽病、灰霉病、早疫病、大葱紫斑病等。

十一、杀线虫剂

（五十三）微生物杀线虫剂

淡紫拟青霉、厚避孢子轮枝菌、木霉菌、阿维菌素，低毒。

十二、杀蜗牛剂

（五十四）四聚乙醛

中等毒性，具触杀和胃毒作用。可用亩5%颗粒剂480～166g。

第十四章　木薯、瓜菜主要害虫高效绿色药剂防治

一、地下害虫

（一）金龟子

金龟子是金龟子科昆虫的总称，属无脊椎动物，昆虫纲，鞘翅目，是国内外公认的难防治的土栖性害虫。全世界已记载的龟子有3万余种，北美大约有1 200种，我国目前已记录约1 800种，在海南主要为铜绿丽金龟（*Anomala corpulenta*）。这类害虫种类多、分布广、食性杂、生活隐蔽、适应性强、生活史长短不一，很难防治，可以在除了南极洲以外的大陆发现。不同的种类生活于不同的环境，如沙漠、农地、森林和草地等。常见的有铜绿丽金龟子、朝鲜黑金龟子、茶色金龟子、暗黑金龟子等。

金龟子幼虫统称蛴螬，主要啮食植物根和块茎或幼苗等地下部分，为主要的地下害虫。为害植物的叶、花、芽及果实等地上部分。成虫咬食叶片成网状孔洞和缺刻，严重时仅剩主脉，群集为害时更为严重。常在傍晚至晚上10时咬食最盛。除为害梨、桃、李、葡萄、苹果、柑橘、大豆、花生、甜菜、小麦、粟、薯类等作物外，金龟子还为害柳、桑、樟、女贞等林木。

铜绿丽金龟发生一代至少1年，日夜活动型，具有趋光性和趋腐性，主要以幼虫取食种茎、根系和鲜薯等，且有转移为害习性，严重时可将根茎、鲜薯取食殆尽或仅留土表个别老根，受害植株极易倒伏，造成缺株或死苗；高温干旱、坡地、沙质地及木薯连作地、甘蔗

轮作地及花生间套作地受害较重。蛴螬在云南、福建北移种植区的发生高峰期为6—9月，而在海南、广西、广东湛江机械化生产区的发生高峰期为4—8月，田间28～33℃高温，33℃以上高温下发生较轻。

（二）蔗根土天牛（*Dorysthenes granulosus*）

蔗根土天牛又名蔗根锯天牛、蔗根天牛，属鞘翅目（Coleoptera）、天牛科（Cerambycidae），广泛分布于广西、广东、海南、福建及云南等主要产蔗地区，主要以幼虫取食种茎地下部分、种茎的内部组织和鲜薯，可将茎咬成空心、鲜薯取食至仅剩皮层，地下部分食空后可沿茎基部向上咬食，造成缺株或死苗，幼虫在土中20～30cm深处活动，耐饥性强。蔗根土天牛在云南、福建北移种植区的发生高峰期为6—9月，但在海南、广西、广东湛江机械化生产区的发生高峰期为4—8月，田间28～32℃高温潮湿条件下易暴发成灾。

（三）小地老虎（*Agrotis ypsilon*）

小地老虎，又名土蚕，切根虫，属鳞翅目夜蛾科切根虫亚科地老虎属，经历卵、幼虫、蛹、成虫。在海南年生6～7代，全年发生，无越冬现象；成虫白天潜伏于土缝中、杂草间、屋檐下或其他隐蔽处，夜出活动、取食、交尾、产卵，以19：00—22：00最盛，温度越高，活动的数量与范围越大，大风夜晚不活动，成虫具有强烈的趋化性，喜吸食酸甜发酵物质、花蜜、糖蜜等带有酸甜味的汁液，对普通灯趋光性不强，但对黑光灯趋性强。成虫羽化后经3～4天交尾，在交尾后第2天产卵，卵产在土块上及地面缝隙内的占60%～70%，土面的枯草茎或须根草、秆上占20%，杂草和作物幼苗叶片反面占5%～10%，在绿肥田，多集中产在鲜草层的下部土面或植物残体上，一般以土壤肥沃而湿润的田里为多，卵散产或数粒产生一起，每一雌蛾通常能产卵1 000粒左右，多的在2 000粒以上，少的仅数十粒，分数次产完。成虫产卵前4～6天，在成虫高峰出现后4～6天，田间相应地出现2～3次产卵高峰，产卵历期为2～10天，以5～6天为最普遍。成虫寿命，雌蛾20～25天，雄蛾10～15天。卵的历期随气温而异，平均温度在19～29℃的情况下，卵历期为3～5天。幼虫共6龄，但少数为7～8龄，幼虫食性很杂，主要为害各类作物的幼苗，1～3龄幼虫日夜均在地面植株上活动取食，取食叶片（特别是心叶）成孔洞或缺刻，这是检查幼龄幼虫和药剂防治的标志。到4龄以后，白天躲在表土内，夜间出来取食，尤其在21：00及清晨5：00活动最盛，在阴暗多云的白天，也可出土为害。取食时就在齐土面部位，把幼苗咬断倒伏在地，或将切断的幼苗连茎带叶拖至土穴中，以备食用，这时幼虫多躲在被害苗附近的浅土中，只要拨开浅土，就可以抓到幼虫。4～6龄幼虫占幼虫期总食量的97%以上，每头幼虫一夜可咬断幼苗3～5株，造成大量缺苗断垄。幼虫老熟后，大都迁移到田埂、田边、杂草根旁较干燥的土内深6～10cm处筑土室开始化蛹，为害显著减轻。前蛹期2～3天。第1代蛹期平均18～19天。

（四）东方蝼蛄（*Gryllotalpa orientalis*）

东方蝼蛄别名拉拉蛄、土狗子、地狗子，属直翅目，蝼蛄科，杂食性害虫，一年1代，成虫、若虫均在土中活动，取食播下的种子、幼芽或将幼苗咬断致死，受害的根部呈乱麻状，并在苗床土表下开掘隧道，使幼苗根部脱离土壤，失水枯死。其主要习性为群集性、趋光性、趋化性和趋湿性。

群集性：初孵若虫有群集性，怕光、怕风、怕水，孵化后3～6天群集一起，以后分散为害。

趋光性：昼伏夜出，具有强烈的趋光性。利用黑光灯，特别是在无月光的夜晚，可诱集大量东方蝼蛄，且雌性多于雄性，故可用灯光诱杀之。

趋化性：对香、甜物质气味有趋性，特别嗜食煮至半熟的谷子、棉籽及炒香的豆饼、麦麸等，因此可制毒饵来诱杀之。此外，蝼蛄对马粪、有机肥等未腐烂有机物有趋性，所以，在堆积马粪、粪坑及有机质丰富的地方蝼蛄就多，可用毒粪进行诱杀。

趋湿性：喜欢栖息在河岸渠旁、菜园地及轻度盐碱潮湿地，有“蝼蛄跑湿不跑干”之说；多集中在沿河两岸、池塘和沟渠附近产卵，产卵前先在5～20cm深处作窝，窝中仅有1个长椭圆形卵室，雌虫在卵室周围约30cm处另作窝隐蔽，每雌产卵60～80粒。

（五）高效绿色药剂防治

浸种预防：种植前，用40%啶虫脒可溶性粉剂1 500倍液（具体浓度按照购买的商品说明使用）和5.7%甲氨基阿维菌素苯甲酸盐水分散粒剂2 000倍液（具体浓度按照购买的商品说明使用）混合液浸泡种茎5～10分钟后种植。

毒饵诱杀：种植时，在种植行间按“Z”形间隔3～5m挖一个30cm×30cm×30cm的土坑，坑中放入5.7%甲氨基阿维菌素苯甲酸盐水分散粒剂5 000倍液的米糠混合物毒饵诱杀；或用90%晶体敌百虫0.5kg或50%辛硫磷乳油500ml，加水2.5～5L，喷在50kg碾碎炒香的米糠、豆饼或麦麸上，于傍晚在受害作物田间，每隔一定距离撒一小堆，或在作物根际附近围施，每公顷用75kg；毒草可用90%晶体敌百虫0.5kg，拌砸碎的鲜草75～100kg，每公顷用225～300kg。

药肥预防：按每亩1kg 40%啶虫脒可溶性粉剂（具体剂量按照购买的商品说明使用）和1kg 5.7%甲氨基阿维菌素苯甲酸盐颗粒剂（具体剂量按照购买的商品说明使用）和基肥一同施于种植沟中后再种植。

根基喷雾防治：发生为害时，合理使用5.7%甲氨基阿维菌素苯甲酸盐水分散粒剂5 000倍液，或用3.2%高氯·甲维盐微乳剂3 000倍液，或用20%阿维·杀虫单微乳剂2 000倍液，或用4.5%高效氯氰菊酯微乳剂2 000倍液，或用2.5%高效氯氟氰菊酯水乳剂2 000倍液，或用40%丙溴磷乳油1 000倍液，或用40%啶虫脒可溶性粉剂1 500倍液，或用40%辛硫磷乳油1 000倍液，或用病毒杀虫剂1 500倍液，或用5%氟虫脲乳油1 000倍液，或用10%除尽悬浮剂（有效成分：溴虫腈）1 000倍液，或用45%菜园虫清乳油（有效成分：bate-cypermethrin）1 500倍液，或用25%噻虫嗪水分散粒剂3 000～4 000倍液等根基喷雾防治，对蛴螬具有良好的药效，注意不同类型药剂要轮换使用。

二、钻蛀性害虫

（一）棉铃虫（*Helicoverpa armigera*）

棉铃虫属鳞翅目、夜蛾科，世界重要危险性果实钻蛀性害虫，广泛分布在中国及世界各地，寄主植物有30多科200余种，主要以幼虫蛀食蕾、花、果为主，也食害嫩茎、叶和芽。幼虫喜食成熟果及嫩叶。1头幼虫一生可为害3～5个果，最多8个，严重地块，蛀果率可达30%～50%。花蕾及幼果常被吃空或引起腐烂或脱落，长成的果实虽然只被蛀食部分果肉，但已失去商品价值，而且因蛀孔在蒂部，雨水、病菌进入易引起腐烂。棉铃虫造成果实大量被蛀和腐烂脱落成为减产的主要原因。

棉铃虫属喜温喜湿性害虫，成虫产卵适温23℃以上，20℃以下很少产卵，幼虫发育以25～28℃和相对湿度75%～90%最为适宜。卵、幼虫和蛹的历期随温度的不同而异，卵发育历期15℃为6～14天，20℃为5～9天，25℃为4天，30℃为2天。幼虫发育历期20℃时为3天，25℃时为22.7天，30℃时为17.4天。蛹发育历期20℃时为28天，25℃为18天，28℃为13.6天，30℃为9.6天。

成虫昼伏夜出，晚上活动、觅食和交尾、产卵。成虫有取食补充营养的习性，羽化后吸食花蜜或蚜虫分泌的蜜露。雌成虫有多次交配习性，羽化当晚即可交尾，2～3天后开始产卵，产卵历期6～8天。产卵多在黄昏和夜间进行，喜欢产卵于嫩尖、嫩叶等幼嫩部分。单雌产卵量1 000粒左右，最多达3 000多粒。成虫飞翔能力强，对黑光灯，尤其是波长333nm的短光波趋性较强，对糖醋液趋性很弱，对萎蔫的杨、柳、风杨、刺槐等枝把散发的气味有趋集性，对草酸和蚁酸有强烈的趋化性。

幼虫一般6龄，初孵幼虫先吃卵壳，后爬行到心叶或叶片背面栖息，第2天集中在生长点或果枝嫩尖处取食嫩叶，但为害症状不明显。2龄幼虫除取食嫩叶外，还取食幼蕾。3龄以上的幼虫具有自相残杀的习性。5～6龄幼虫进入暴食期。幼虫有转株为害习性，转移时间多在9时和17时。老熟幼虫在入土化蛹前数小时停止取食，多从植株上滚落地面。在原落地处1m范围内寻找较为疏松干燥的土壤钻入化蛹。

浸种预防：种植前，用40%啶虫脒可溶性粉剂1 500倍液（具体浓度按照购买的商品说明使用）和5.7%甲氨基阿维菌素苯甲酸盐水分散粒剂2 000倍液（具体浓度按照购买的商品说明使用）混合液浸泡种茎5～10分钟后种植。

药肥预防：按每亩1kg 40%啶虫脒可溶性粉剂（具体剂量按照购买的商品说明使用）和1kg 5.7%甲氨基阿维菌素苯甲酸盐颗粒剂（具体剂量按照购买的商品说明使用）和基肥一同施于种植沟中后再种植。

高效绿色药剂防治：产卵盛期喷洒2%过磷酸钙浸出液，具有驱蛾产卵、减轻为害的作用。当突然暴发成灾时，及时合理使用5.7%甲氨基阿维菌素苯甲酸盐水分散粒剂10 000倍液，或用3.2%高氯·甲维盐微乳剂1 000倍液，或用20%阿维·杀虫单微乳剂1 000倍液，或用4.5%高效氯氰菊酯微乳剂1 000倍液，或用2.5%高效氯氟氰菊酯水乳剂1 000倍液，或用40%丙溴磷乳油1 000倍液，或用40%辛硫磷乳油1 000倍液，或用病毒复合杀虫剂1 500倍液，或用5%氟虫脲乳油1 000倍液，或用10%除尽悬浮剂（有效成分：溴虫腈）1 000倍液，或用45%菜园虫清乳油（有效成分：bate-cypermethrin）1 500倍液，或用20%虫酰肼悬浮剂1 000～2 500倍液，或用20%除虫脲悬浮剂1 000～2 000倍液，或用5%氟啶脲（抑太保）乳油1 000～2 000倍液，或用5%氟铃脲乳油的1 000～2 000倍液，或用25%灭幼脲悬浮剂2 000～2 500倍液，或用5%氟虫脲（卡死克）1 000～2 000倍液，或用24%甲氧虫酰肼悬浮剂，或用240g/L甲氧虫酰肼悬浮剂1 500倍液，或用20%氯虫苯甲酰胺悬浮剂5～10ml，或亩用5%杀铃脲悬浮剂120～180ml，或用6%乙基多杀菌素悬浮剂2 000倍液，或用25%灭幼脲悬浮剂2 000～2 500倍液，或亩用48%噻虫啉悬浮剂7～13ml加水25～50kg喷雾，或用25%噻虫嗪水分散粒剂3 000～4 000倍液，20%氰戊菊酯乳油2 000～3 000倍，或亩用10%醚菊酯悬浮剂30～40ml等喷雾防治，对棉铃虫具有良好的药效，注意不同类型药剂要轮换使用。

（二）瓜实蝇（*Bactrocera cucurbitae*）

瓜实蝇俗称针蜂，幼虫称瓜蛆，属双翅目、实蝇科、果实蝇属。体形似小型黄蜂，黄褐色至红褐色，广泛分布于东南亚、南太平洋地区，中国南部多省均有分布，是重要危险性果实钻蛀性害虫；主要为害葫芦科植物，其中主要寄主有黄瓜、西葫芦、丝瓜、苦瓜、南瓜等多种水果和蔬菜。成虫以产卵管刺入幼瓜表皮内产卵，幼虫孵化后即钻入瓜内取食，受害瓜先局部变黄，而后全瓜腐烂变臭，大量落瓜，即使不腐烂，刺伤处凝结着流胶，畸形下陷，果皮硬实，瓜味苦涩，严重影响瓜的品质和产量。

瓜实蝇在华南一年可发生8代，世代重叠。成虫白天活动，夏天中午高温烈日时，静伏于瓜棚或叶背，对糖、酒、醋及芳香物质有趋性；雌虫产卵于嫩瓜内，每次产卵产数十粒至百余粒，幼虫孵化后即在瓜内取食，将瓜蛀食成蜂窝状，以至腐烂、脱落，老熟幼虫在瓜落前或瓜落后弹跳落地，钻入表土层化蛹。卵期5～8天，幼虫期4～15天，蛹期7～10天，成虫寿命25天。

成虫具趋化性，喜食甜质花蜜的习性，用香蕉皮或菠萝皮、南瓜或甘薯等物与90%敌百虫晶体、香精油按400：51比例调成糊状毒饵，直接涂于瓜棚竹篱上或盛挂容器内诱杀成虫（20个点/667m^2，25g/点）。除利用成虫趋化性用毒饵诱杀外，还可用性引诱剂来诱杀成虫（也有人把它归入生物防治）。在瓜棚内均匀布点，用性引诱剂诱集瓜实蝇，配合一定的农药毒杀之，其诱杀效果比单纯化学农药制成毒饵诱杀效果更好。

浸种预防：种植前，用40%啶虫脒可溶性粉剂1 500倍液（具体浓度按照购买的商品说明使用）和5.7%甲氨基阿维菌素苯甲酸盐水分散粒剂2 000倍液（具体浓度按照购买的商品说明使用）混合液浸泡种茎5～10分钟后种植。

毒饵诱杀：种植时，在种植行间按"Z"形间隔3～5m挖一个30cm×30cm×30cm的土坑，坑中放入3.2%高氯·甲维盐微乳剂1 000倍液或70%灭蝇胺水分散粒剂2 000倍液的糖醋混合物毒饵诱杀。

药肥预防：按每亩1kg 40%啶虫脒可溶性粉剂（具体剂量按照购买的商品说明使用）和1kg 5.7%甲氨基阿维菌素苯甲酸盐颗粒剂（具体剂量按照购买的商品说明使用）和基肥一同施于种植沟中后再种植。

高效绿色药剂防治：在成虫盛发期，于中午或傍晚喷施10%灭蝇胺悬浮剂300～400倍液，或用70%灭蝇胺水分散粒剂2 000～2 500倍液，或亩用10%醚菊酯悬浮剂30～40ml，或用2.5%多杀霉素悬浮1 000～1 500倍液，或用25%噻虫嗪水分散粒剂3 000～4 000倍液，或亩用48%噻虫啉悬浮剂7～13ml加水25～50kg，或用21%灭杀毙乳油4 000～5 000倍液，或用2.5%敌杀死2 000～3 000倍液，或用50%敌敌畏乳油1 000倍液，或用40%啶虫脒可溶性粉剂10 000倍液，或用4.5%高效氯氰菊酯微乳剂1 000倍液，或用5%的高氯·啶虫脒（蓟马专杀）乳油2 000倍液，隔3～5天1次，连喷2～3次，对瓜实蝇具有良好的防治效果。注意不同类型药剂要轮换使用。

（三）豆荚螟

豆荚螟为世界性分布的豆类害虫，我国各地均有分布，以华东、华中、华南等地区受害最重。豆荚螟为寡食性，寄主为豆科植物，是南方豆类的主要害虫。以幼虫在豆荚内蛀食豆粒，被害籽粒重则蛀空，仅剩种子柄，轻则蛀成缺刻，几乎不能作种子；被害籽粒还充满虫粪，变褐以致霉烂。一般豆荚螟从荚中部蛀入。

豆荚螟成虫在植株嫩叶上产卵，经5～7天，孵化后的幼虫蛀入豆荚内取食豆粒。卵多产在豆荚上，一般1荚仅产1粒卵，豆荚毛多的品种着卵量比豆荚毛少的品种多，初孵幼虫在荚面吐丝结成一白色薄茧（丝囊），藏身其中，6～8小时后，咬穿荚面蛀入荚内，并在外面留有丝囊，可作为检查此虫初期为害的标志。成虫也可产卵于花蕾和嫩梢部，主要为害花蕾及豆荚内幼嫩种子。一般1荚1头幼虫，食料不足时可转荚为害，老熟幼虫咬破荚入土作茧化蛹。3龄以上幼虫钻蛀荚中后，喷洒药剂很难将其杀死。通常高温干旱有利于其发生，结荚期长及荚毛多的品种受害重于结荚期短及荚毛少的品种，幼荚期与成虫产卵期吻合的受害重。因此防治该虫应加强肥水管理，保证长势整齐、开花结荚期相对集中，以便在幼虫三龄期以前关键时期集中消灭该虫。

浸种预防：种植前，用40%啶虫脒可溶性粉剂1 500倍液（具体浓度按照购买的商品说明使用）和5.7%甲氨基阿维菌素苯甲酸盐水分散粒剂2 000倍液（具体浓度按照购买的商品说明使用）混合液浸泡种茎5～10分钟后种植。

药肥预防：按每亩1kg 40%啶虫脒可溶性粉剂（具体剂量按照购买的商品说明使用）和1kg 5.7%甲氨基阿维菌素苯甲酸盐颗粒剂（具体剂量按照购买的商品说明使用）和基肥一同施于种植沟中后再种植。

高效绿色药剂防治：防治豆角豆荚螟应坚持“治蕾为主”的原则，在开花期喷杀在花蕾中的幼虫。喷药时间在晴天的上午8：00—10：00（花苞开放时）。谢花后豆荚长成10余厘米长时喷药1次，可杀死初孵和蛀入幼荚的低龄幼虫。有效绿色药剂可选用5%阿维菌素1 500倍、5%氯虫苯甲酰胺1 500倍混合液，或用1.14%甲维盐1 000倍液、棉铃虫核型多角体病毒1 500倍液混合液，或20%除虫脲悬浮剂1 000～2 000倍液，或用5%氟啶脲（抑太保）乳油1 000～2 000倍液，或用5%氟铃脲乳油的1 000～2 000倍液，或用25%灭幼脲悬浮剂2 000～2 500倍液，或用5%氟虫脲（卡死克）1 000～2 000倍液，或用24%甲氧虫酰肼悬浮剂，或用240g/L甲氧虫酰肼悬浮剂1 500倍液，或用20%氯虫苯甲酰胺悬浮剂5～10ml，或亩用5%杀铃脲悬浮剂120～180ml，或用6%乙基多杀菌素悬浮剂2 000倍液，或用25%灭幼脲悬浮剂2 000～2 500倍液，或亩用48%噻虫啉悬浮剂7～13ml加水25～50kg喷雾，或用25%噻虫嗪水分散粒剂3 000～4 000倍液，20%氰戊菊酯乳2 000～3 000倍液，或亩用10%醚菊酯悬浮剂30～40ml进行防治，效果很好，每10～15天叶面喷洒一次，连续喷洒2～3次。此外，甜菜夜蛾核型多角体病毒粒子杀虫剂防效突出，杀虫效果好。喷施时注意，药剂要二次稀释，用药时间尽量选择阴天或傍晚施药，施药要使花器和嫩荚均匀沾药。

三、害螨

（一）木薯单爪螨（*Mononychellus tanajoa*）

木薯单爪螨属叶螨科单爪螨属，世界检疫危险性害螨，目前主要在我国海南、云南、广西、广东、江西、福建、新疆等地发生为害。该螨主要为害木薯顶芽、嫩叶和茎的绿色部分，受害叶片均匀布满黄白色斑点、受害严重时可导致叶片褪绿黄化，甚至畸形，枝条干枯，严重时整株死亡；在北移种植及机械化生产条件下发生的为害在不同年份不同地域差异较大，目前在海南和云南呈现1个发生高峰（10—11月），田间28～30℃高温干旱条件下易暴发成灾，30℃以上高温下发生较轻；卵单粒分散产于叶背，为害严重时也可产在叶表、叶柄等处；对宽叶木薯品种（种质）具有奢食性；可随风进行短距离扩散，随木薯种植材料如插条等进行远距离传播。

（二）朱砂叶螨（*Tetranychus cinnabarinus*）

朱砂叶螨属蛛形纲真螨目叶螨科，是一种广泛分布于世界温带的农林大害虫，在中国各地均有发生，可为害的植物有32科113种，其中蔬菜18种，主要有茄、辣椒、西瓜、豆类、葱和苋菜；卵多单产于叶背主脉两侧，为害严重时也可产在叶表、叶柄等处，喜欢群集在植株中上部叶片叶背吸取汁液为害；木薯受害后，叶片褪绿黄化，严重时整株落叶，并对细叶木薯品种（种质）具有奢食性；茄子、辣椒叶片受害后，叶面初现灰白色小点，后变灰白色；四季豆、豇豆、瓜类叶片受害后，形成枯黄色细斑，严重时全叶干枯脱落，缩短结果期，影响产量。

朱砂叶螨年发生代数随地区和气候而不同，北方一年12～15代，长江流域18～20代，华南可发生20代以上；活动温度范围在7～42℃，最适温度为25～30℃，最适相对湿度为35%～55%，高温干燥是朱砂叶螨猖獗的气候因素，田间28～33℃高温干旱条件下易暴发成灾，33℃以上高温下发生较轻；在木薯北移种植条件下仅有1个发生高峰期（7—9月），在海南、广西、广东湛江机械化生产条件下有2个发生高峰期（4—6月和9—10月）。

（三）二斑叶螨（*Tetranychus urticae* Koch）

二斑叶螨属于蛛形纲叶螨属，寄主达200多种；喜群集叶背主脉附近并吐丝结网于网下为害，刺穿细胞，吸取汁液，受害叶片先从近叶柄的主脉两侧出现苍白色斑点，随着为害的加重，可使叶片变成灰白色及至暗褐色，抑制光合作用的正常进行，严重者叶片焦枯以至提早脱落，大发生或食料不足时常千余头群集于叶端成一虫团；取食中的二斑叶螨每隔30分钟把相当于身体25%的水分通过后肠以尿的形式排出。另外，该螨还释放毒素或生长调节物质，引起植物生长失衡，以致有些幼嫩叶呈现凹凸不平的受害状，大发生时树叶、杂草、农作物叶片一片焦枯现象；二斑叶螨有很强的吐丝结网集合栖息特性，有时结网可将全叶覆盖起来，并罗织到叶柄，甚至细丝还可在树株间搭接，螨顺丝爬行扩散；借助风力、流水、昆虫、鸟兽、人、畜、各种农具和花卉苗木携带传播；在热带地区年发生20代以上，世代重叠，发生期持续的时间较长，温度高于25℃，种群易扩散；营两性生殖，受精卵发育为雌虫，不受精卵发育为雄虫。

（四）茶黄螨（*Polyphagotarsonemus latus*）

茶黄螨属蛛形纲、蜱螨目、跗线螨科、茶黄螨属，是为害蔬菜较重的害螨之一，食性极杂，寄主植物广泛，已知寄主达70余种，近年来对黄瓜、茄子、辣椒、马铃薯、番茄、瓜类、豆类、芹菜、木耳菜、萝卜等蔬菜为害日趋严重；主要以成螨和幼螨集中在蔬菜幼嫩部分刺吸为害，受害叶片背面呈灰褐或黄褐色，油渍状，叶片边缘向下卷曲；受害嫩茎、嫩枝变黄褐色，扭曲变形，严重时植株顶部干枯；果实受害果皮变黄褐色；茄子果实受害后，呈开花馒头状。

在海南常年发生，世代重叠；成、幼螨集中在寄主幼芽、嫩叶、花、幼果等幼嫩部位刺吸汁液，尤其是尚未展开的芽、叶和花器，有明显的趋嫩性，植株受害后常造成畸形，严重者植株顶部干枯；被害叶片增厚僵直、变小或变窄，叶背呈黄褐色、油渍状，叶缘向下卷曲；被害幼茎变褐，丛生或秃尖；被害花蕾畸形，果实变褐色，粗糙，无光泽，出现裂果，植株矮缩；茶黄螨主要靠爬行、风力、农事操作等传播蔓延；幼螨喜温暖潮湿的环境条件；成螨较活跃，且有雄螨背负雌螨向植株上部幼嫩部位转移的习性；卵多产在嫩叶背面、果实凹陷处及嫩芽上，经2～3天孵化，幼（若）螨期各2～3天。雌螨以两性生殖为主，也可营孤雌生殖；茶黄螨为喜温性害螨，发生为害最适气候条件为温度16～27℃，相对湿度45%～90%，发育历期随温度的不同而有差异，卵期2～3天，幼螨期1～2天，若螨期一般只有0.5～1天，完成一个世代通常只要5～7天。

（五）高效绿色药剂防治

浸种预防：种植前，用40%啶虫脒可溶性粉剂1 500倍液（具体浓度按照购买的商品说明使用）和5.7%甲氨基阿维菌素苯甲酸盐水分散粒剂2 000倍液（具体浓度按照购买的商品说明使用）混合液浸泡种茎5～10分钟后种植。

药肥预防：按每亩1kg 40%啶虫脒可溶性粉剂（具体剂量按照购买的商品说明使用）和1kg 5.7%甲氨基阿维菌素苯甲酸盐颗粒剂

（具体剂量按照购买的商品说明使用）和基肥一同施于种植沟中后再种植。

高效绿色药剂防治：发生为害时，合理使用5.7%甲氨基阿维菌素苯甲酸盐水分散粒剂5 000倍液，或用3.2%高氯·甲维盐微乳剂3 000倍液，或用20%阿维·杀虫单微乳剂2 000倍液，或用25%噻虫嗪水分散粒剂3 000～4 000倍液，或用5%唑螨酯悬浮剂2 800～3 300倍液，或用11%乙螨唑悬浮剂对水稀释5 000～7 500倍液，或用50%四螨嗪悬浮剂2 000～3 000倍液，或用5%噻螨酮乳油或5%噻螨酮可湿性粉剂1 500～2 000倍液，或用34%螺螨酯悬浮剂4 000～5 000倍液，或用95g/L喹螨醚乳油2 000～3 000倍液喷雾，或用50%苯丁锡可湿性粉剂1 000～1 500倍液，或用43%联苯肼酯悬浮剂1 500～2 500倍液，或用4.5%高效氯氰菊酯微乳剂2 000倍液，或用2.5%高效氯氟氰菊酯水乳剂2 000倍液，或用40%丙溴磷乳油1 000倍液，或用40%啶虫脒可溶性粉剂1 500倍液，或用25%噻嗪酮可湿性粉剂1 000～1 200倍液均匀喷雾等及时喷雾防治，对害螨具有良好的药效，注意不同类型药剂要轮换使用。

四、粉蚧

目前在我国发生为害的主要为美地绵粉蚧（*Phenacoccus madeirensis*）、木瓜秀粉蚧（*Paracoccus marginatus*）和双条佛粉蚧（*Ferrisia virgata*），是重要的世界危险性检疫有害生物，主要以若虫和雌成虫刺吸为害植物的茎、叶片和果实，造成叶片褪绿黄化，枝条干枯，果实品质下降，严重时整株死亡。此外，木薯粉蚧还可诱发霉烟病，使木薯叶片光合作用降低，降低木薯产量；田间主要随风进行短距离扩散，随木薯种植材料如插条等进行远距离传播。

木瓜秀粉蚧属半翅目（Hemiptera）、蚧总科（Coccoidea）、粉蚧科（Pseudococcidae）、秀粉蚧属（*marginatus*），目前主要在海南、云南、广西、广东严重发生与为害；美地绵粉蚧属半翅目

（Hemiptera）、蚧总科（Coccoidea）、粉蚧科（Pseudococcidae）、绵粉蚧属（*Phenacoccus*），目前主要在海南、云南、广西、广东严重发生与为害；双条佛粉蚧（*Ferrisia virgata*）属半翅目（Hemiptera）、蚧总科（Coccoidea）、粉蚧科（Pseudococcidae）、丝粉蚧属（*Ferrisia*），目前主要在海南、云南、广西、广东、福建严重发生与为害。

木瓜秀粉蚧与美地绵粉蚧的区别：木瓜绵粉蚧体型卵圆一些，身体嫩黄白色、腿黄色，体背纹路不规则，后足胫节无透明孔，70%～75%酒精浸泡体色变黑；美地绵粉蚧体型长一些，身体灰绿白色，腿红色，体背纹路规则，70%～75%酒精浸泡体色不变色。

浸种预防：种植前，用40%啶虫脒可溶性粉剂1 500倍液（具体浓度按照购买的商品说明使用）和5.7%甲氨基阿维菌素苯甲酸盐水分散粒剂2 000倍液（具体浓度按照购买的商品说明使用）混合液浸泡种茎5～10分钟后种植。

药肥预防：按每亩1kg 40%啶虫脒可溶性粉剂（具体剂量按照购买的商品说明使用）和1kg 5.7%甲氨基阿维菌素苯甲酸盐颗粒剂（具体剂量按照购买的商品说明使用）和基肥一同施于种植沟中后再种植。

高效绿色药剂防治：发生为害时，合理使用4.5%高效氯氰菊酯微乳剂2 000倍液，或用2.5%高效氯氟氰菊酯水乳剂2 000倍液，或用40%丙溴磷乳油1 000倍液，或用40%啶虫脒可溶性粉剂1 500倍液，或用70%吡虫啉水分散粒剂3 000倍液，或用10%吡虫啉可湿性粉剂2 000倍液，或用50%吡蚜酮可湿性粉剂1 000～2 000倍液，或用3.2%高氯·甲维盐微乳剂3 000倍液，或用20%阿维·杀虫单微乳剂2 000倍液，或用25%螺虫乙酯悬浮剂2 000～2 500倍液，或亩用22.4%螺虫乙酯悬浮剂20～30ml，或用25%噻虫嗪水分散粒剂3 000～4 000倍液，或用6%乙基多杀菌素悬浮剂2 000倍液，或用25%噻嗪酮悬浮剂（可湿性粉剂）800～1 200倍液或37%噻嗪酮悬浮剂1 200～1 500倍液等及时喷雾防治，对粉蚧具有良好药效。注意不同类型药剂要轮换使用，喷雾时应注意喷头对准叶背，将药液尽可能喷到粉蚧体上。当粉蚧普遍严重发生时，可按药剂稀释用水量的0.1%加入其他展着剂，以增药效。

五、蚜虫

（一）瓜蚜/棉蚜（*Aphis gossypii*）

瓜蚜/棉蚜俗称腻虫，为世界危险性害虫，属半翅目（Hemiptera）［原为同翅目（Homoptera），但同翅目现已移至半翅目内］，蚜科（Aphididae），是一种两性繁殖和孤雌生殖交替进行的害虫，年发生20～30代，世代重叠，常年严重发生。瓜蚜发育快，繁殖力强，无翅孤雌蚜产仔期约10天，每头雌蚜产若蚜60～70头。繁殖适温16～22℃，27℃以上，相对湿度达75%以上和雨水的冲刷，不利于蚜虫的繁殖与发育。

瓜蚜/棉蚜的成虫、若虫大多栖息于叶片的背面，均以口针刺吸汁液。当瓜苗的幼嫩叶及生长点被害后，由于叶背被刺伤，生长缓慢，而正面未被害，生长较背面快，因而造成卷缩。为害严重时，整个叶片卷曲成一团。此时瓜苗生长停滞，若再发展，将导致整株萎靡死亡。当植株停止生长后受蚜虫为害，则不卷叶，但由于汁液被大量蚜虫吸食，叶片提早干枯死亡，因而造成卷缩。

（二）桃蚜（*Myzus persicae*）

桃蚜别名腻虫、烟蚜、桃赤蚜、菜蚜、油汉，属半翅目（Hemiptera）［原为同翅目（Homoptera），但同翅目现已移至半翅目内］、蚜科（Aphididae），是世界危险性广食性害虫，寄主植物约有74科285种，营转主寄生生活周期，其中冬寄主（原生寄主）植物主要有梨、桃、李、梅、樱桃等蔷薇科果树等；夏寄主（次生寄主）作物主要有白菜、甘蓝、萝卜、芥菜、芸薹、芜菁、甜椒、辣椒、菠菜等多种作物，对黄色、橙色有强烈的趋性，而对银灰色有负趋性。桃蚜的生活周期短、繁殖量大，发育起点温度为4.3℃，有效积温为137℃·天。在9.9℃下发育历期24.5天，25℃为8天，发育最适温为24℃，高于28℃则不利于其发生为害。桃蚜的繁殖很快，一只无翅胎生蚜可产60~70只若蚜，产卵期持续20余天。

桃蚜是辣椒主要害虫，又是多种植物病毒的主要传播媒介。除刺吸植物的嫩茎、嫩叶、花梗和嫩荚汁液，造成叶片卷缩变形，植株生长不良，花梗扭曲畸形，不能正常抽薹、开花、结果外，还可分泌蜜露，引起煤污病，影响植物正常生长。此外，桃蚜是多种植物病毒重要的媒介昆虫，能传播如黄瓜花叶病毒（cucumber mosaic virus，CMV）、马铃薯Y病毒（potato virus Y，PVY）和烟草蚀纹病毒（tobacco etch virus，TEV）等多种病毒，传播病毒造成的为害远远大于蚜害本身。

（三）高效绿色药剂防治

浸种预防：种植前，用40%啶虫脒可溶性粉剂1 500倍液（具体浓度按照购买的商品说明使用）和5.7%甲氨基阿维菌素苯甲酸盐水分散粒剂2 000倍液（具体浓度按照购买的商品说明使用）混合液浸泡种茎5~10分钟后种植。

药肥预防：按每亩1kg 40%啶虫脒可溶性粉剂（具体剂量按照购买的商品说明使用）和1kg 5.7%甲氨基阿维菌素苯甲酸盐颗粒剂（具体剂量按照购买的商品说明使用）和基肥一同施于种植沟中后再种植。

喷雾防治：发生为害时，合理使用70%吡虫啉水分散粒剂3 000倍液，或用10%吡虫啉可湿性粉剂2 000倍液，或用50%吡蚜酮可湿性粉剂1 000~2 000倍液，或用5%蚜虱净2 000倍液，或用10%烯啶虫胺可溶液剂稀释2 000~4 000倍液，或用25%噻虫嗪水分散粒剂3 000~4 000倍液，或用6%乙基多杀菌素悬浮剂2 000倍液，或亩用10%醚菊酯悬浮剂30~40ml，或用2.5%多杀霉素悬浮剂1 000~1 500倍液，或用25%噻虫嗪水分散粒剂3 000~4 000倍液，或亩用48%噻虫啉悬浮剂7~13ml，或用4.5%高效氯氰菊酯微乳剂2 000倍液，或用2.5%高效氯氟氰菊酯水乳剂2 000倍液等及时喷雾防治，对蚜虫具有良好药效。注意不同类型药剂要轮换使用，喷雾时应注意喷头对准叶背，将药液尽可能喷到蚜虫体上。当蚜虫普遍严重发生时。可按药剂稀释用水量的0.1%加入其他展着剂，以增药效。

六、蓟马

（一）棕榈蓟马（*Thrips palmi*）

棕榈蓟马属缨翅目、蓟马科，为害菠菜、枸杞、菜豆、苋菜、节瓜、冬瓜、西瓜、茄子、番茄等；成虫和若虫锉吸瓜类嫩梢、嫩叶、花和幼瓜的汁液，被害嫩叶嫩梢变硬缩小，茸毛呈灰褐色或黑褐色，植株生长缓慢，节间缩短；幼瓜受害后亦硬化，毛变黑，造成落瓜，严重影响产量和质量；茄子受害时，叶脉变黑褐色，发生严重时，也影响植株生长。

棕榈蓟马在海南年发生20代以上，终年繁殖。成虫怕光，多在未张开的叶上或叶背活动。成虫能飞善跳，能借助气流作远距离迁飞。既能进行两性生殖，又能进行孤雌生殖。卵散产于植株的嫩头、嫩叶及幼果组织中，每雌产卵22～35粒。1～2龄若虫在寄主的幼嫩部位穿梭活动，活动十分活跃，锉吸汁液，躲在这些部位的背光面。3龄若虫不取食，行动缓慢，落到地上，钻到3～5cm的土层中，4龄在土中化“蛹”。在平均气温23.2～30.9℃时，3～4龄所需时间3～4.5天。羽化后成虫飞到植株幼嫩部位为害。发生适温为15～32℃，2℃仍能生存，但骤然降温易死亡。土壤含水量在8%～18%时，“化蛹”和羽化率均较高。

（二）黄蓟马（*Thrips flavus*）

黄蓟马，又名菜田黄蓟马、棉蓟马，属缨翅目、蓟马科，分布于中国华中、华南各省区，主要为害节瓜、冬瓜、苦瓜、西瓜，也为害番茄、茄和豆类蔬菜；成虫、若虫在植物幼嫩部位吸食为害，叶片受害后常失绿而呈现黄白色，花朵受害后常脱色，呈现出不规则的白斑，严重的花瓣扭曲变形，甚至腐烂；南方小花蝽和草蛉对该虫有一定抑制作用。

黄蓟马在海南年发生20代以上，终年繁殖。初羽化的成虫具有向上、喜嫩绿的习性，且特别活跃，能飞善跳，行动敏捷，以后畏强光隐藏，白天阳光充足时，成虫多数隐蔽于花木或作物生长点或花蕾处取食，少数在叶背为害，雌成虫有孤雌生殖能力，卵散产于植物叶肉组织内，均温26.9℃，平均湿度82.7%时，卵期3.3～5.2天，1～2龄若虫3.5～5天，3～4龄若虫3.7～6天，成虫寿命25～53天。温湿度对黄蓟马生长发育有显著影响，其发育最适温度范围为25～30℃。

（三）烟蓟马（*Thrips tabaci*）

烟蓟马又称棉蓟马、葱蓟马，属缨翅目、蓟马科（Thripidae）、蓟马亚科（Thripinae）、蓟马属（*Thrips*），国内外广泛分布，为害棉、烟草、瓜类、茄果类等多种作物，其他寄主还有苹果、李、梅、葡萄、柑橘、草莓、菠萝等。以成虫和若虫锉吸为害瓜类的嫩梢、嫩叶、花和幼瓜的汁液，被害嫩叶嫩梢变硬缩小，茸毛呈灰褐色或黑褐色，植株生长缓慢，节间缩短，瓜类植株生长点被害后，常失去光泽，皱缩变黑，不能再抽蔓，甚至死苗，幼瓜受害后幼瓜受害出现畸形，硬化，表面常留有黑褐色疙瘩，瓜行萎靡，毛变黑，成瓜受害后，瓜皮粗糙有斑痕，极少茸毛，或带有褐色波纹，或整个瓜皮布满“锈皮”，呈畸形，造成落瓜，落果严重影响产量和质量；茄果类蔬菜受害则使被害植株嫩芽、嫩叶卷缩、心叶不能张开。为害茄子时，叶脉变黑褐色，发生严重时，也影响植株生长。

烟蓟马营孤雌生殖，雄虫极罕见，国内尚未发现。华南地区年发生10代以上，无越冬现象，世代历期9～23天，在25～28℃下，卵期5～7天，若虫期（1～2龄）6～7天，前蛹期2天，“蛹期”3～5天，成虫寿命8～10天，每雌平均产卵约50粒（21～178粒），卵产于叶片组织中。2龄若虫后期，常转向地下，在表土中经历“前蛹”及“蛹”期。成虫极活跃，善飞，怕阳光，早、晚或阴天取食强。初孵若虫集中在叶基部为害，稍大即分散。在25℃和相对湿度60%以下时，有利于烟蓟马发生，高温高湿则不利，暴风雨可降低发生数量。一年中以4—5月为害最重。

（四）高效绿色药剂防治

浸种预防：种植前，用40%啶虫脒可溶性粉剂1 500倍液（具体浓度按照购买的商品说明使用）和5.7%甲氨基阿维菌素苯甲酸盐水分散粒剂2 000倍液（具体浓度按照购买的商品说明使用）混合液浸泡种茎5～10分钟后种植。

药肥预防：按每亩1kg 40%啶虫脒可溶性粉剂（具体剂量按照购买的商品说明使用）和1kg 5.7%甲氨基阿维菌素苯甲酸盐颗粒剂（具体剂量按照购买的商品说明使用）和基肥一同施于种植沟中后再种植。

喷雾防治：发生为害时，使用70%吡虫啉水分散粒剂3 000倍液，或用10%吡虫啉可湿性粉剂2 000倍液，或用50%吡蚜酮可湿性粉剂1 000～2 000倍液，或用5%蚜虱净2 000倍液，或用10%烯啶虫胺可溶液剂稀释2 000～4 000倍液，或用25%噻虫嗪水分散粒剂3 000～4 000倍液，或用6%乙基多杀菌素悬浮剂2 000倍液，或亩用10%醚菊酯悬浮剂30～40ml，或用2.5%多杀霉素悬浮剂1 000～1 500倍液，或用25%噻虫嗪水分散粒剂3 000～4 000倍液，或亩用48%噻虫啉悬浮剂7～13ml，或用4.5%高效氯氰菊酯微乳剂2 000倍液，或用2.5%高效氯氟氰菊酯水乳剂2 000倍液等及时喷雾防治，对蓟马具有良好药效。注意不同类型药剂要轮换使用，以提高防效和防治抗药性发生。

七、粉虱

（一）烟粉虱（*Bemisia tabaci*）

烟粉虱俗称小白蛾，属半翅目、粉虱亚目、粉虱科，是近年来中国新发生的一种外来入侵世界性害虫，原发于热带和亚热带区，20世纪80年代以来，随着世界范围内的贸易往来，烟粉虱借助花卉及其他经济作物的苗木迅速扩散，在世界各地广泛传播并暴发成灾，现已成为美国、印度、巴基斯坦、苏丹和以色列等国家农业生产上的重要害虫。严重为害番茄、黄瓜、辣椒等蔬菜及棉花等众多作物。

温度、寄主植物和地理种群在很大程度上影响烟粉虱的生长发育和产卵能力，26～28℃为最佳发育温度，该温度下卵期约5天，若虫期约15天，成虫期寿命可达30～60天，整个世代历期19～27天。在热带和亚热带地区，一年发生的世代数为11～15代，并且世代重叠现象特别明显。亚热带年生10～12代，几乎月月出现一次种群高峰，每代15～40天，夏季卵期3天，冬季33天。若虫3龄，9～84天，伪蛹2～8天，成虫产卵期2～18天，每雌产卵120粒左右，卵多产在植株中部嫩叶上。成虫喜欢无风温暖天气，有趋黄性，气温低于12℃停止发育，14.5℃开始产卵，气温21～33℃，随气温升高，产卵量增加，高于40℃成虫死亡。相对湿度低于60%成虫停止产卵或死去。暴风雨能抑制其大发生，非灌溉区或浇水次数少的作物受害重。

烟粉虱的体表布满蜡质，有世代重叠现象，有着较快的繁殖速度，因此化学药剂很难防治，并且烟粉虱对多种化学药剂具有抗药性，但合理施用农药仍是发生初期非常重要的应急防治手段。烟雾法和喷雾法是常规用药方法的主要形式，可选择使用的药剂包括：阿维菌素、昆虫几丁质酶抑制剂、扑虱灵、吡虫啉、锐劲特等。应选择在烟粉虱成虫活动性弱的晨、晚露水未干时进行喷药，应保证喷药时叶片反面均匀着药。当烟粉虱虫口密度较大时，应适当增加喷药次数。在进行化学防治时，为避免或延缓害虫抗药性的产生，应轮换使用不同作用方式的农药，不可随意加大用药量，同时尽可能采取一定措施减少对天敌的杀伤。

浸种预防：种植前，用40%啶虫脒可溶性粉剂1 500倍液（具体浓度按照购买的商品说明使用）和5.7%甲氨基阿维菌素苯甲酸盐水分散粒剂2 000倍液（具体浓度按照购买的商品说明使用）混合液浸泡种茎5～10分钟后种植。

药肥预防：按每亩1kg 40%啶虫脒可溶性粉剂（具体剂量按照

购买的商品说明使用）和1kg 5.7%甲氨基阿维菌素苯甲酸盐颗粒剂（具体剂量按照购买的商品说明使用）和基肥一同施于种植沟中后再种植。

高效绿色药剂防治：作物定植后，应定期检查，当虫口较高时（黄瓜上部叶片每叶50～60头成虫，番茄上部叶片每叶5～10头成虫作为防治指标），要及时进行药剂防治。用50%吡蚜酮可湿性粉剂1 000～2 000倍液，或用70%吡虫啉水分散粒剂3 000倍液，或用10%吡虫啉可湿性粉剂2 000倍液，或用10%烯啶虫胺可溶液剂稀释2 000～4 000倍液，或用6%乙基多杀菌素悬浮剂2 000倍液，或亩用10%醚菊酯悬浮剂30～40ml，或用2.5%多杀霉素悬浮剂1 000～1 500倍液，或用25%噻虫嗪水分散粒剂3 000～4 000倍液，或亩用48%噻虫啉悬浮剂7～13ml，或用4.5%高效氯氰菊酯微乳剂2 000倍液，或用2.5%高效氯氟氰菊酯水乳剂2 000倍液，或每公顷可用99%敌死虫乳油（矿物油）1～2kg、植物源杀虫剂6%绿浪（烟百素）（nicotine+tuberostemonine+toosendanin）、40%绿菜宝（abamectin+dichlorvos）、20%灭扫利乳油375ml加水750L等喷雾。此外，在密闭的大棚内可用敌敌畏等熏蒸剂按推荐剂量杀虫。

（二）螺旋粉虱（*Aleurodicus dispersus*）

螺旋粉虱是一种新入侵海南的重要危险性检疫害虫，属半翅目粉虱科（Aleyrodidae）、盘粉虱属，具有传播方式多样、寄主种类多和繁殖速度快等特点。雄虫较雌虫早羽化，雌雄性比为1.5：1，羽化盛期在早上6：00—8：00，交尾发生于下午。成虫迁飞盛期于清晨5：00—7：00，但气温低或阴天其活动时刻延后。一般而言雄虫迁飞力较雌虫弱，多停留在原寄主植物叶上。雌虫卵巢内卵的成熟度与日龄有关，至第三日龄后雌虫才开始陆续由原寄主植物处向上盘旋迁飞，以寻找新寄主植物的嫩叶产卵。雌虫产卵于叶背，边产卵边移动并分泌蜡粉，其移动轨迹多为产卵轨迹，典型的产卵轨迹为螺旋状，该虫亦因此得名。每一个卵圈内的卵数为11～53粒不等。分散方式除借助成虫本身迁移外，尚可借助受害植株、其他动物或交通工具（车、船）等的携带传播。若虫与成虫可直接以口针于叶背吸食寄主植物汁液，在该虫严重发生时虽可使寄主叶片提前落叶，但尚不会使寄主植物致死；若虫可分泌大量白色蜡粉、絮毛，不仅影响寄主植物的外观，且其分泌物随风吹散引人厌恶；若虫分泌的蜜露能诱发煤烟病，除影响寄主植物的光合作用，亦影响植株外观并引来蚂蚁与蝇等昆虫。该虫不仅影响粮食作物、经济果树等的产量，且导致观赏植物出口检疫的潜在威胁。在我国台湾不论1～2年或4～5年生的番石榴，若经螺旋粉虱为害4个月，其果实产量损失高达73%～80%，但若经90%纳乃得可湿性粉剂（methomyl WP）1 800倍液，每7天与14天施用一次，其果实产量损失则锐减至0～7%。

浸种预防：种植前，用40%啶虫脒可溶性粉剂1 500倍液（具体浓度按照购买的商品说明使用）和5.7%甲氨基阿维菌素苯甲酸盐水分散粒剂2 000倍液（具体浓度按照购买的商品说明使用）混合液浸泡种茎5～10分钟后种植。

药肥预防：按每亩1kg 40%啶虫脒可溶性粉剂（具体剂量按照购买的商品说明使用）和1kg 5.7%甲氨基阿维菌素苯甲酸盐颗粒剂（具体剂量按照购买的商品说明使用）和基肥一同施于种植沟中后再种植。

高效绿色药剂防治：合理使用50%吡蚜酮可湿性粉剂1 000～2 000倍液，或用70%吡虫啉水分散粒剂3 000倍液，或用10%吡虫啉可湿性粉剂2 000倍液，或用10%烯啶虫胺可溶液剂稀释2 000～4 000倍液，或用25%噻虫嗪水分散粒剂3 000～4 000倍液，或用6%乙基多杀菌素悬浮剂2 000倍液，或亩用10%醚菊酯悬浮剂30～40ml，或用2.5%多杀霉素悬浮剂1 000～1 500倍液，或用25%噻虫嗪水分散粒剂3 000～4 000倍液，或亩用48%噻虫啉悬浮剂7～13ml，或用4.5%高效氯氰菊酯微乳剂2 000倍液，或用2.5%高效氯氟氰菊酯水乳剂2 000倍液，或每公顷可用99%敌死虫乳油（矿物油）1～2kg、植物源杀虫剂6%绿浪（烟百素）（nicotine+tuberostemonine+toosendanin）、40%绿菜宝（abamectin+dichlorvos）、20%灭扫利乳油375ml加水750L等喷雾。

由于该虫的寄主广泛且零星分布，不易施药，致使生物防治成为螺旋粉虱最适行的防治方法，其中尤以寄生蜂对螺旋粉虱的抑制力受人重视。我国台湾于1995年自夏威夷引入海地恩蚜小蜂（*Encarsia haitiensis* Dozier）与哥德恩蚜小蜂（*Encarsia guadelopupae* Viggiani），进行螺旋粉虱的生物防治，结果仅哥德恩蚜小蜂可以立足。

八、奢叶害虫

（一）斜纹夜蛾（*Spodoptera litura*）

斜纹夜蛾属鳞翅目、夜蛾科、斜纹夜蛾属，世界重要危险性、间歇性猖獗为害害虫，褐色，前翅具许多斑纹，中有一条灰白色宽阔的斜纹，故名斜纹夜蛾。主要以幼虫取食甘薯、棉花、芋、莲、田菁、大豆、烟草、甜菜和十字花科和茄科蔬菜等近300种植物的叶片、花蕾和果实，严重发生时全田植株地上部被全部吃光，果实被蛀引起腐烂导致大量落果造成减产和品质下降，甚至绝收；幼虫食性杂，且食量大，初孵幼虫在叶背为害，取食叶肉，仅留下表皮；3龄幼虫后造成叶片缺刻、残缺不堪甚至全部吃光，蚕食花蕾造成缺损，容易暴发成灾；4龄后进入暴食期，猖獗时可吃尽大面积寄主植物叶片，并迁徙他处为害。

斜纹夜蛾在广西、广东、福建、海南、台湾可终年繁殖，无越冬现象；成虫白天潜伏在叶背或土缝等阴暗处，夜间活动，飞翔力强，一次可飞数十米远，高达10m以上，成虫具趋光性，并对糖醋酒液及发酵的胡萝卜、麦芽、豆饼、牛粪等有趋化性；每只雌蛾能产卵3～5块，每块有卵位100～200个，卵多产在叶背的叶脉分叉处，以茂密、浓绿的作物产卵较多，堆产，卵块常覆有鳞毛而易被发现。幼虫共6龄，初孵幼虫具有群集为害习性，聚集叶背，3龄以后则开始分散，老龄幼虫有昼伏性和假死性，白天多潜伏在土缝处，傍晚爬出取食，遇惊则落地蜷缩作假死状。当食料不足或不当时，幼虫可成群迁移至附近田块为害，故又有“行军虫”的俗称；各虫态的发育适温为

28～30℃，但抗寒力很弱，一般高温年份和季节有利其发育、繁殖，低温则易导致虫蛹大量死亡；该虫食性虽杂，但包括不同的寄主、同一寄主不同发育阶段或器官及食料的丰缺等食料情况对其生育繁殖都有明显的影响。间种、复种指数高或过度密植的田块有利其发生。

浸种预防：种植前，用40%啶虫脒可溶性粉剂1 500倍液（具体浓度按照购买的商品说明使用）和5.7%甲氨基阿维菌素苯甲酸盐水分散粒剂2 000倍液（具体浓度按照购买的商品说明使用）混合液浸泡种茎5～10分钟后种植。

药肥预防：按每亩1kg 40%啶虫脒可溶性粉剂（具体剂量按照购买的商品说明使用）和1kg 5.7%甲氨基阿维菌素苯甲酸盐颗粒剂（具体剂量按照购买的商品说明使用）和基肥一同施于种植沟中后再种植。

高效绿色药剂防治：发生为害时，合理使用5.7%甲氨基阿维菌素苯甲酸盐水分散粒剂10 000倍液，或用3.2%高氯·甲维盐微乳剂1 000倍液，或用20%阿维·杀虫单微乳剂1 000倍液，或用4.5%高效氯氰菊酯微乳剂1 000倍液，或用2.5%高效氯氟氰菊酯水乳剂1 000倍液，或用40%丙溴磷乳油1 000倍液，或用40%辛硫磷乳油1 000倍液，或病毒复合杀虫剂1 500倍液，或用5%氟虫脲乳油1 000倍液，或用10%除尽悬浮剂（有效成分：溴虫腈）1 000倍液，或用45%菜园虫清乳油（有效成分：bate-cypermethrin）1 500倍液，或用20%虫酰肼悬浮剂1 000～2 500倍液，或用20%除虫脲悬浮剂1 000～2 000倍液，或用5%氟啶脲（抑太保）乳油1 000～2 000倍液，或用5%氟铃脲乳油的1 000～2 000倍液，或用25%灭幼脲悬浮剂2 000～2 500倍液，或用5%氟虫脲（卡死克）1 000～2 000倍液，或用24%甲氧虫酰肼悬浮剂，或用240g/L甲氧虫酰肼悬浮剂1 500倍液，或用20%氯虫苯甲酰胺悬浮剂5～10ml，或亩用5%杀铃脲悬浮剂120～180ml，或6%乙基多杀菌素悬浮剂2 000倍液，或用25%灭幼脲悬浮剂2 000～2 500倍液，或亩用48%噻虫啉悬浮剂7～13ml加水25～50kg喷雾，或用25%噻虫嗪水分散粒剂3 000～4 000倍液，20%氰戊菊酯乳油2 000～3 000倍液，或亩用10%醚菊酯悬浮剂30～40ml等喷雾防治，对斜纹夜蛾具有良好的药效，注意不同类型药剂要轮换使用。

（二）瓜绢螟（*Diaphania indica*）

瓜绢螟又名瓜螟、瓜野螟，属鳞翅目、螟蛾科、绢野螟属，是丝瓜、冬瓜、苦瓜、黄瓜、南瓜等作物上的主要害虫之一，主要为害葫芦科各种瓜类及番茄、茄子等蔬菜。成虫昼伏夜出，具弱趋光性。雌虫交配后即可产卵，卵产于叶背或嫩尖上，散生或数粒在一起，卵期5～8天；初孵幼虫先在叶背或嫩尖取食叶肉，被害部成灰白色斑块，3龄后有近30%的幼虫即吐丝将叶片左右缀合，匿居其中进行为害，大部分幼虫裸体在叶背取食叶肉，可吃光全叶，仅存叶脉和叶面表皮，或蛀食瓜果及花中为害，或潜蛀瓜藤，对黄瓜、丝瓜、苦瓜为害最重，严重影响瓜果产量和质量。

浸种预防：种植前，用40%啶虫脒可溶性粉剂1 500倍液（具体浓度按照购买的商品说明使用）和5.7%甲氨基阿维菌素苯甲酸盐水分散粒剂2 000倍液（具体浓度按照购买的商品说明使用）混合液浸泡种茎5～10分钟后种植。

药肥预防：按每亩1kg 40%啶虫脒可溶性粉剂（具体剂量按照购买的商品说明使用）和1kg 5.7%甲氨基阿维菌素苯甲酸盐颗粒剂（具体剂量按照购买的商品说明使用）和基肥一同施于种植沟中后再种植。

高效绿色药剂防治：发生为害时，合理使用5.7%甲氨基阿维菌素苯甲酸盐水分散粒剂10 000倍液，或用3.2%高氯·甲维盐微乳剂1 000倍液，或用20%阿维·杀虫单微乳剂1 000倍液，或用4.5%高效氯氰菊酯微乳剂1 000倍液，或用2.5%高效氯氟氰菊酯水乳剂1 000倍液，或用40%丙溴磷乳油1 000倍液，或用40%辛硫磷乳油1 000倍液，或病毒复合杀虫剂1 500倍液，或用5%氟虫脲乳油1 000倍液，或用10%除尽悬浮剂（有效成分：溴虫腈）1 000倍液，或用45%菜园虫清乳油（有效成分：bate-cypermethrin）1 500倍液，或用20%虫酰肼悬浮剂1 000～2 500倍液，或用20%除虫脲悬浮剂1 000～2 000倍液，或用5%氟啶脲（抑太保）乳油1 000～2 000倍液，或用5%氟铃脲乳油的1 000～2 000倍液，或用25%灭幼脲悬浮剂2 000～2 500倍液，或用5%氟虫脲（卡死克）1 000～2 000倍液，或用24%甲氧虫酰肼悬浮剂，或用240g/L甲氧虫酰肼悬浮剂1 500倍液，或用20%氯虫苯甲酰胺悬浮剂5～10ml，或亩用5%杀铃脲悬浮剂120～180ml，或用6%乙基多杀菌素悬浮剂2 000倍液，或用25%灭幼脲悬浮剂2 000～2 500倍液，或亩用48%噻虫啉悬浮剂7～13ml加水25～50kg喷雾，或用25%噻虫嗪水分散粒剂3 000～4 000倍液，20%氰戊菊酯乳油2 000～3 000倍液，或亩用10%醚菊酯悬浮剂30～40ml等喷雾防治，对瓜绢螟具有良好的药效，注意不同类型药剂要轮换使用。

（三）美洲斑潜蝇（*Liriomyza sativae*）

美洲斑潜蝇属双翅目（Diptera）、潜蝇科（Agromyzidae）、斑潜蝇属（*Liriomyza*），是一种世界危险性检疫害虫，适应性强，繁殖快，寄主植物达110余种，其中以葫芦科、茄科和豆科植物受害最重。

美洲斑潜蝇以幼虫取食叶片正面叶肉，形成先细后宽的蛇形弯曲或蛇形盘绕虫道，其内有交替排列整齐的黑色虫粪，老虫道后期呈棕色的干斑块区，一般1虫1道，1头老熟幼虫1天可潜食3cm左右。成虫在叶片正面取食和产卵，刺伤叶片细胞，形成针尖大小的近圆形刺伤“孔”，造成为害。“孔”初期呈浅绿色，后变白，肉眼可见。幼虫和成虫的为害可导致幼苗全株死亡，造成缺苗断垄；成株受害，可加速叶片脱落，引起果实日灼，造成减产。幼虫和成虫通过取食还可传播病害，特别是传播某些病毒病，降低花卉观赏价值和叶菜类食用价值。它对叶片的为害率可达10%～80%，常造成瓜菜减产、品质下降，严重时甚至绝收。我国的斑潜蝇近似种多，由于其虫体都很小，往往难以区别。对农药抗性产生快，南北发生差异大。近20多年来，美洲斑潜蝇已在美国、巴西、加拿大、巴拿马、墨西哥、智利、古巴等30多个国家和地区严重发生，造成巨大的经济损失，并有继续扩大蔓延的趋势。

美洲斑潜蝇适应性强，繁殖快，寄主广泛，全年都能繁殖，在广东可发生14～17代，在海南可发生21～24代，可周年发生，无越冬现象。世代历期短，各虫态发育不整齐，世代严重重叠，其繁殖速率随温度和作物不同而异，15～26℃完成1代需11～20天，25～33℃完成1代需12～14天。温度是影响南美斑潜蝇生殖力和竞争力的重要因子，美洲斑潜蝇适应温度范围较广，相对较高的温度有利于种群的发育、生存和繁殖。在18～30℃范围内，美洲斑潜蝇的生殖力随温度的升高而升高，竞争力随温度的升高而升高。

美洲斑潜蝇雌成虫用尾针刺伤植物的叶片和叶肉吸食汁液，并将卵产在刺孔下，每孔1粒。雄蝇无尾针，跟随雌蝇其后，吸取雌蝇刺出孔残余液汁并进行交配。雌成虫喜在中、上部叶片而不在顶端嫩叶上产卵，下部叶片上落卵也少。卵经3～5天孵化为幼虫，老熟幼虫由潜道顶端或近顶端1mm处，咬破上表皮，爬出潜道外，在叶片正面或滚落地表或土缝中化蛹，蛹期5～12天。近羽化时蛹体暗淡，并可见红褐色眼点，蛹多在上午8：00—10：00羽化，成虫从顶破蛹皮到展翅完毕约需30分钟。只要温、湿度适宜，蛹能很快羽化成蝇并开始产卵繁殖下一代。温度低于13℃，对美洲斑潜蝇的生长发育有抑制作用。美洲斑潜蝇的卵和幼虫可随寄主植株、带叶的瓜果豆菜、土壤或交通工具等作远距离传播。成虫有飞翔能力，但较弱，对黄色趋性强。

浸种预防：种植前，用40%啶虫脒可溶性粉剂1 500倍液（具体浓度按照购买的商品说明使用）和5.7%甲氨基阿维菌素苯甲酸盐水分散粒剂2 000倍液（具体浓度按照购买的商品说明使用）混合液浸泡种茎5～10分钟后种植。

药肥预防：按每亩1kg 40%啶虫脒可溶性粉剂（具体剂量按照购买的商品说明使用）和1kg 5.7%甲氨基阿维菌素苯甲酸盐颗粒剂（具体剂量按照购买的商品说明使用）和基肥一同施于种植沟中后再种植。

高效绿色药剂防治：在幼虫2龄前（虫道很小时），用5.7%甲氨基阿维菌素苯甲酸盐水分散粒剂10 000倍液，或用3.2%高氯·甲维盐微乳剂1 500倍液，或用3.2%甲氨阿维·氯微乳剂5 000倍液，10%烯啶虫胺可溶液剂稀释2 000 ~ 4 000倍液，或用25%噻虫嗪水分散粒剂3 000 ~ 4 000倍液，或用6%乙基多杀菌素悬浮剂2 000倍液，或亩用10%醚菊酯悬浮剂30 ~ 40ml，或用2.5%多杀霉素悬浮剂1 000 ~ 1 500倍液，或用25%噻虫嗪水分散粒剂3 000 ~ 4 000倍液，或亩用48%噻虫啉悬浮剂7 ~ 13ml加水25 ~ 50kg，或用5%的高氯·啶虫脒（蓟马专杀）乳油2 000倍液等喷雾防治。注意不同类型药剂要轮换使用。

附　图　木薯、瓜菜主要害虫为害症状

图1　铜绿丽金龟及其幼虫为害木薯、瓜菜

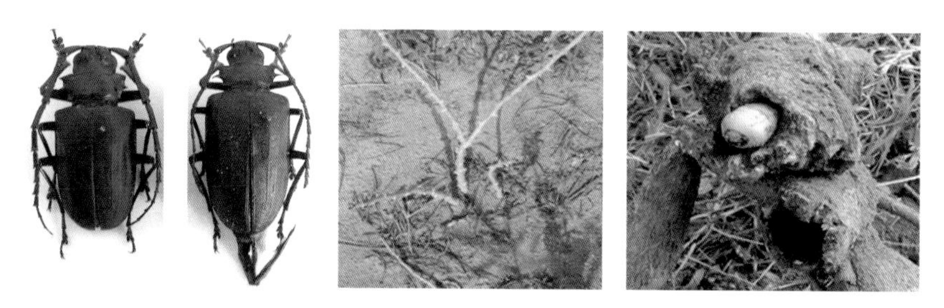

图2　蔗根土天牛及其幼虫为害木薯

图3　小地老虎及其幼虫为害西瓜、辣椒

图4　棉铃虫为害木薯、瓜菜

图5 东方蝼蛄及其幼虫为害西瓜、辣椒

图6 瓜实蝇为害瓜类

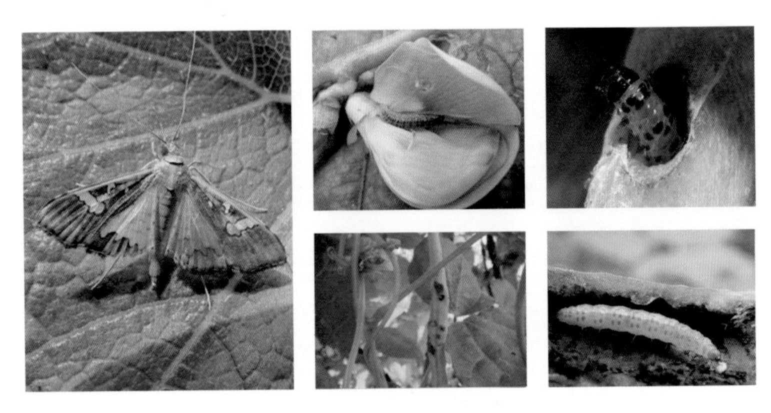

图7　豆荚螟为害豇豆

图8　木薯单爪螨为害木薯

图9　二斑叶螨为害木薯、瓜菜

图10　朱砂叶螨为害木薯、瓜菜

图11　茶黄螨为害辣椒

图12　棉蚜/瓜蚜为害西瓜

图13　桃蚜为害辣椒

图14　粉蚧为害木薯

图15　蓟马为害辣椒

图16 烟粉虱为害木薯、瓜菜

图17　螺旋粉虱为害木薯

图18　斜纹夜蛾为害木薯、瓜菜

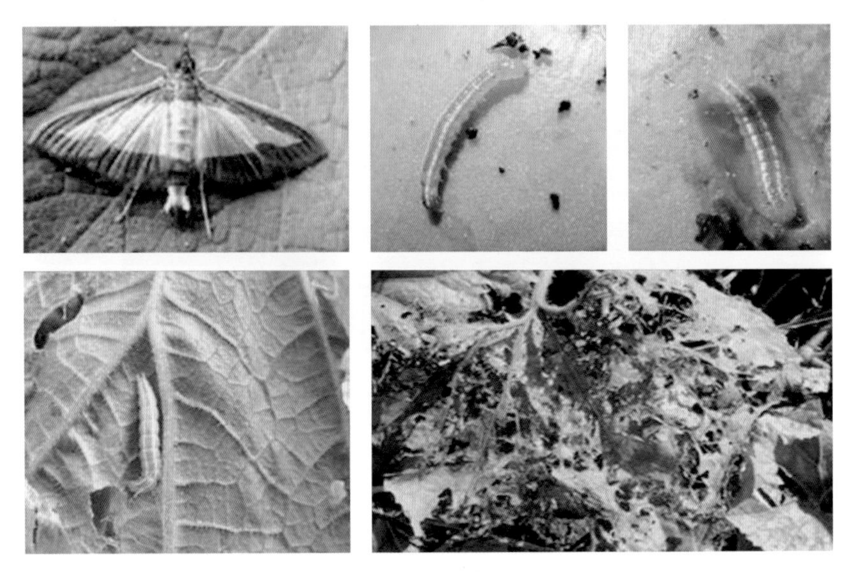

图19　瓜绢螟为害西瓜

图20　美洲斑潜蝇为害辣椒、瓜类

注：部分图片和信息来源于百度百科